大学入試

毎年出る！センバツ40題

理系数学

上位レベル

［数 … ・Ⅲ］

吉田克俊 著

別冊問題

旺文社

大学入試

毎年出る！ センバツ40題

吉田克俊 著

理系数学 上位レベル

［数学Ⅰ・A・Ⅱ・B・Ⅲ］

別冊 問題

旺文社

問題　目次

☆テーマ 1 ボールを箱に入れるグループ分け

1

20分 解答は本冊 P.4

n を正の整数とし，n 個のボールを 3 つの箱に分けて入れる問題を考える。ただし，1 個のボールも入らない箱があってもよいものとする。以下に述べる 4 つの場合について，それぞれ相異なる入れ方の総数を求めたい。

(1) 1 から n まで異なる番号のついた n 個のボールを，A，B，C と区別された 3 つの箱に入れる場合，その入れ方は全部で何通りあるか。

(2) 互いに区別のつかない n 個のボールを，A，B，C と区別された 3 つの箱に入れる場合，その入れ方は全部で何通りあるか。

(3) 1 から n まで異なる番号のついた n 個のボールを，区別のつかない 3 つの箱に入れる場合，その入れ方は全部で何通りあるか。

(4) n が 6 の倍数 $6m$ であるとき，n 個の互いに区別のつかないボールを，区別のつかない 3 つの箱に入れる場合，その入れ方は全部で何通りあるか。

(東京大(後) 理)

[類題出題校：東北大，慶應義塾大，京都大]

★テーマ 2 整数解の組の個数

2

25分 解答は本冊 P.6

以下の各問いに答えよ。

(1) 次の 3 条件(a)，(b)，(c)を満たす整数の組 $(a_1, a_2, a_3, a_4, a_5)$ の個数を求めよ。

(a) $a_1 \geqq 1$　(b) $a_5 \leqq 4$　(c) $a_i \leqq a_{i+1}$ $(i=1, 2, 3, 4)$

(2) 次の 3 条件(a)，(b)，(c)を満たす整数の組 $(a_1, a_2, a_3, a_4, a_5)$ の個数を求めよ。

(a) $a_1 \geqq 1$　(b) $a_i \geqq 0$ $(i=2, 3, 4, 5)$　(c) $a_1+a_2+a_3+a_4+a_5 \leqq 4$

(3) n 桁の自然数で各桁の数字の合計が r 以下となるものの個数を n，r を用いて表せ。ただし，$n \geqq 1$，$r \leqq 9$ とする。

(東京医科歯科大(前) 医・歯)

[類題出題校：東北大，東京工業大，慶應義塾大，早稲田大，京都大]

☆テーマ 3　完全順列（モンモールの問題）

□ 3

1からnまでの番号が1つずつ書かれたn枚のカードがある。次の条件を満たすように左から右にn枚を並べる場合の数をa_nとする。

条件：1からnまでのすべての自然数kについて，左からk番目に番号kのカードがこない。

(1)　a_4を求めよ。

(2)　a_6を求めよ。

(3)　$n \geqq 3$ について，a_{n+2}をn，a_n，a_{n+1}で表せ。　（名古屋市立大（前）医・改）

［類題出題校：千葉大，東京工業大，京都大］

★テーマ 4　四角形の頂点を移動する物体の確率

□ 4

下の図のように9個の点A，B_1，B_2，B_3，B_4，C_1，C_2，C_3，C_4とそれらを結ぶ16本の線分からなる図形がある。この図形上にある物体Uは，毎秒ひとつの点から線分で結ばれている別の点へ移動する。ただし，Uは線分で結ばれているどの点にも等確率で移動するとする。最初に点Aにあった物体Uが，n秒後に点Aにある確率をa_nとすると，$a_0=1$，$a_1=0$ である。このとき，a_n　$(n \geqq 2)$を求めよ。

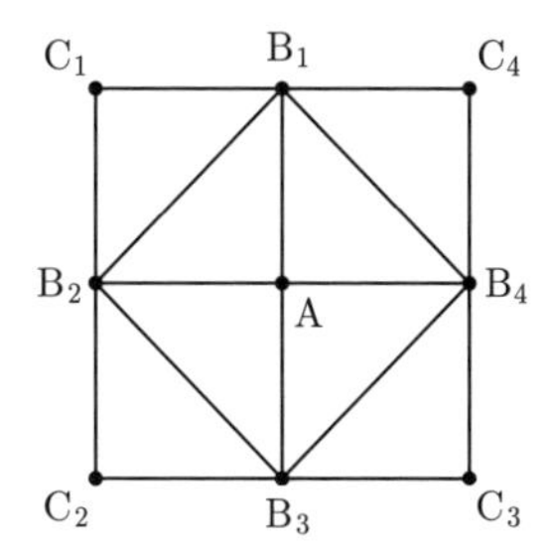

（早稲田大　教）

［類題出題校：北海道大，東北大，東京大，東京工業大，慶應義塾大，名古屋大，京都大，大阪大］

★テーマ 5 A，B，C，Dの文字を並べる確率

□ 5

どの目も出る確率が $\frac{1}{6}$ のさいころを1つ用意し，次のように左から順に文字を書く。

さいころを投げ，出た目が1，2，3のときは文字列AAを書き，4のときは文字Bを，5のときは文字Cを，6のときは文字Dを書く。さらに繰り返しさいころを投げ，同じ規則に従って，AA，B，C，Dをすでにある文字列の右側につなげて書いていく。

たとえば，さいころを5回投げ，その出た目が順に2，5，6，3，4であったとすると，得られる文字列は，

AACDAAB

となる。このとき，左から4番目の文字はD，5番目の文字はAである。

(1) n を正の整数とする。n 回さいころを投げ，文字列を作るとき，文字列の左から n 番目の文字がAとなる確率を求めよ。

(2) n を2以上の整数とする。n 回さいころを投げ，文字列を作るとき，文字列の左から $n-1$ 番目の文字がAで，かつ n 番目の文字がBとなる確率を求めよ。 (東京大(前) 理)

[類題出題校：一橋大]

★テーマ 6　白，黒のカードを裏返す確率

6

片面を白色に，もう片面を黒色に塗った正方形の板が 3 枚ある。この 3 枚の板を机の上に横に並べ，次の操作を繰り返し行う。

さいころを振り，出た目が 1，2 であれば左端の板を裏返し，3，4 であれば真ん中の板を裏返し，5，6 であれば右端の板を裏返す。

たとえば，最初，板の表の色の並び方が「白白白」であったとし，1 回目の操作で出たさいころの目が 1 であれば，色の並び方は「黒白白」となる。さらに 2 回目の操作を行って出たさいころの目が 5 であれば，色の並び方は「黒白黒」となる。

(1)「白白白」から始めて，3 回の操作の結果，色の並び方が「黒白白」となる確率を求めよ。

(2)「白白白」から始めて，n 回の操作の結果，色の並び方が「白白白」または「白黒白」となる確率を求めよ。

注意：さいころは 1 から 6 までの目が等確率で出るものとする。　（東京大（前）理）

★テーマ 7 隣接３項間，４項間漸化式

7

20分 解答は本冊 P. 25

以下の各問いに答えよ。

(1) 次のように定義される数列 $\{a_n\}$ の一般項を求めよ。

$$a_1=\frac{1}{2},\ a_2=\frac{7}{4},\ a_n=\frac{5}{2}a_{n-1}-a_{n-2}\quad (n=3,\ 4,\ 5,\ \cdots\cdots)$$

(2) 次のように定義される数列 $\{b_n\}$ の一般項を求めよ。

$$b_1=2,\ b_2=\frac{5}{2},\ b_3=\frac{17}{4},\ b_n=\frac{7}{2}b_{n-1}-\frac{7}{2}b_{n-2}+b_{n-3}\quad (n=4,\ 5,\ 6,\ \cdots\cdots)$$

（東京医科歯科大（前） 医・歯）

［類題出題校：横浜国立大，東京都立大］

☆テーマ 8 漸化式と剰余

8

分 解答は本冊 P. 29

整数からなる数列 $\{a_n\}$ を漸化式

$$\begin{cases} a_1=1,\ a_2=3 \\ a_{n+2}=3a_{n+1}-7a_n\quad (n=1,\ 2,\ 3,\ \cdots\cdots) \end{cases}$$

によって定める。

(1) a_n が偶数となることと，n が 3 の倍数となることは同値であることを示せ。

(2) a_n が 10 の倍数となるための条件を(1)と同様の形式で求めよ。　（東京大（前） 理）

［類題出題校：一橋大，横浜国立大，京都大，大阪府立大］

☆テーマ 9 $(a \pm \sqrt{b})^n$ に関する証明

□ **9**

(1) $n=1,\ 2,\ 3,\ \cdots\cdots$ に対して $(\sqrt{2}+1)^n = a_n + \sqrt{2}\,b_n$ により自然数 a_n，b_n を定義する。このとき，$(\sqrt{2}-1)^n$ を a_n，b_n を用いて表せ。また，$a_n{}^2-2b_n{}^2$ の値を求めよ。

(2) 適当な自然数 k_n を用いて

$$(\sqrt{2}-1)^n = \sqrt{k_n} - \sqrt{k_n - 1} \quad (n=1,\ 2,\ 3,\ \cdots\cdots)$$

と表せることを示せ。

（慶應義塾大　理工）

［類題出題校：北海道大，東京工業大，一橋大，京都大］

☆テーマ 10 チェビシェフの多項式

□ **10**

(1) 自然数 $n=1,\ 2,\ 3,\ \cdots\cdots$ に対して，ある多項式 $p_n(x)$，$q_n(x)$ が存在して，

$$\sin n\theta = p_n(\tan\theta)\cdot\cos^n\theta,\quad \cos n\theta = q_n(\tan\theta)\cdot\cos^n\theta$$

と書けることを示せ。

(2) このとき，$n>1$ ならば次の等式が成立することを証明せよ。

$$p_n{}'(x) = nq_{n-1}(x),\quad q_n{}'(x) = -np_{n-1}(x)$$

（東京大（前）　理）

［類題出題校：埼玉大，千葉大，慶應義塾大，早稲田大，京都大］

☆テーマ 11 正三角形の頂点と面積の最大値

11

20分 解答は本冊 P.38

a，bを正の数とし，xy平面の2点 A$(a,\ 0)$ および B$(0,\ b)$ を頂点とする正三角形を ABC とする。ただし，C は第1象限の点とする。

(1) △ABC が正方形 $D=\{(x,\ y)\mid 0\leqq x\leqq 1,\ 0\leqq y\leqq 1\}$ に含まれるような $(a,\ b)$ の範囲を求めよ。

(2) $(a,\ b)$ が(1)の範囲を動くとき，△ABC の面積 S が最大となるような $(a,\ b)$ を求めよ。また，そのときの S の値を求めよ。

（東京大（前） 文理共通）

［類題出題校：千葉大，京都大］

★テーマ 12 曲線の通過領域

12

20分 解答は本冊 P.42

正の実数 a に対して，座標平面上で次の放物線を考える。

$$C：y=ax^2+\frac{1-4a^2}{4a}$$

a が正の実数全体を動くとき，C の通過する領域を図示せよ。

（東京大（前） 理）

［類題出題校：北海道大，東北大，筑波大，千葉大，お茶の水女子大，一橋大，早稲田大，横浜国立大，神戸大，山口大］

★テーマ 13 線分の通過領域

□ **13**

座標平面の原点をOで表す。線分 $y=\sqrt{3}x$ $(0 \leqq x \leqq 2)$ 上の点Pと，線分 $y=-\sqrt{3}x$ $(-2 \leqq x \leqq 0)$ 上の点Qが，線分 OP と線分 OQ の長さの和が6となるように動く。

このとき，線分 PQ の通過する領域を D とする。

(1) s を $0 \leqq s \leqq 2$ を満たす実数とするとき，点 $(s,\ t)$ が D に入るような t の範囲を求めよ。

(2) D を図示せよ。

(東京大 (前) 理)

[類題出題校：一橋大，早稲田大，順天堂大，名古屋大]

★テーマ 14 内分点の動く範囲

座標平面上の2点P，Qが，曲線 $y=x^2$ $(-1 \leqq x \leqq 1)$ 上を自由に動くとき，線分 PQ を1：2に内分する点Rが動く範囲を D とする。ただし，P=Q のときは R=P とする。

(1) a を $-1 \leqq a \leqq 1$ を満たす実数とするとき，点 $(a,\ b)$ が D に属するための b の条件を a を用いて表せ。

(2) D を図示せよ。

(東京大 (前) 理)

[類題出題校：北海道大]

★テーマ 15 円の中心の通過領域

次の問いに答えよ。

(1) AB=2, AD=4 の長方形 ABCD の 2 本の対角線の交点をEとする。点Eを通り，長方形 ABCD に含まれるような円の全体を考え，それらの中心が作る図形の面積 S_1 を求めよ。

(2) 定点Oを中心とする半径 4 の円を F とし，点Oからの距離が 2 の定点Hをとる。
点Hを内部に含み，円 F に含まれるような円全体を考え，それらの中心が作る図形の面積 S_2 を求めよ。 (東京医科歯科大(前) 医・歯)

［類題出題校：京都大］

★テーマ 16 四面体の外接球の半径

16

半径 r の球面上に 4 点 A, B, C, D がある。四面体 ABCD の各辺の長さは

$$AB=\sqrt{3},\ AC=AD=BC=BD=CD=2$$

を満たしている。このとき，r の値を求めよ。 (東京大(前) 文理共通)

［類題出題校：北海道大，大阪大，九州大］

☆テーマ 17 立方体の正射影の面積

17

解答は本冊 P.60

座標空間内の6つの平面 $x=0$，$x=1$，$y=0$，$y=1$，$z=0$，$z=1$ で囲まれた立方体をCとする。$\vec{l}=(-a_1,\ -a_2,\ -a_3)$ を $a_1>0$，$a_2>0$，$a_3>0$ を満たし，大きさが1のベクトルとする。Hを原点Oを通りベクトル$\vec{l}$に垂直な平面とする。

このとき，ベクトル$\vec{l}$を進行方向にもつ光線により平面Hに生じる立方体Cの影の面積を，a_1，a_2，a_3を用いて表せ。ここに，Cの影とはC内の点から平面Hへ引いた垂線の足全体のなす図形である。

（名古屋大（前） 理・工）

［類題出題校：東京大，東京工業大，早稲田大，神戸大］

★テーマ 18 独立に動く２点の和と積

18

分 解答は本冊 P.63

複素数平面上で，複素数αは2点$1+i$と$1-i$とを結ぶ線分上を動き，複素数βは原点を中心とする半径1の円周上を動くものとする。

(1) $\alpha+\beta$が複素数平面上を動く範囲の面積を求めよ。

(2) $\alpha\beta$が複素数平面上を動く範囲の面積を求めよ。

(3) α^2が複素数平面上で描く曲線と虚軸とで囲まれた範囲の面積を求めよ。 （東京大 理・改）

［類題出題校：一橋大］

☆テーマ 19 点列の回転

□ 19

複素数平面上の点列 A_n $(n \geqq 0)$ が複素数列 $a_n + ib_n$ (a_n, b_n は実数，i は虚数単位) を表すとする。極限値 $\lim_{n\to\infty} a_n = a_\infty$, $\lim_{n\to\infty} b_n = b_\infty$ がともに存在するとき，複素数 $a_\infty + ib_\infty$ を表す点 A_∞ を A_n の極限点ということにする。このとき，次の問いに答えよ。

(1) 複素数平面上の点列 P_n $(n \geqq 0)$ を次のように定める。
P_0 は 0 を表す点とし，P_1 は $1+i$ を表す点とする。
以下，$n \geqq 2$ に対しては，ベクトル $\overrightarrow{\mathrm{P}_{n-2}\mathrm{P}_{n-1}}$ を反時計まわりに $\dfrac{\pi}{3}$ 回転し，長さを $\dfrac{2}{3}$ 倍したベクトルが $\overrightarrow{\mathrm{P}_{n-1}\mathrm{P}_n}$ となるように P_n を定める。P_n の極限点 P_∞ が表す複素数を求めよ。

(2) 点列 Q_n $(n \geqq 0)$ は次のように定める。
Q_0 は 0 を表す点とし，Q_1 は $z = x + iy$ を表す点とする。
以下，$n \geqq 2$ に対しては，ベクトル $\overrightarrow{\mathrm{Q}_{n-2}\mathrm{Q}_{n-1}}$ を反時計まわりに $\dfrac{\pi}{6}$ 回転し，長さを $\dfrac{1}{2}$ 倍したベクトルが $\overrightarrow{\mathrm{Q}_{n-1}\mathrm{Q}_n}$ となるように Q_n を定める。Q_n の極限点 Q_∞ と(1)の P_∞ が一致するとき，z を求めよ。

(東京工業大 (前))

[類題出題校：千葉大，東京大，慶應義塾大，早稲田大]

★テーマ 20 複素数と極限

□ 20

次の問いに答えよ。

(1) $0 \leqq \theta < \dfrac{\pi}{2}$ において，不等式 $\sin\theta \leqq \theta \leqq \tan\theta$ を示せ。

(2) 正の実数 x と自然数 $n = 1, 2, 3, \cdots\cdots$ に対し，複素数 $1 + \dfrac{x}{n}i$ の偏角を θ_n $\left(0 \leqq \theta_n < \dfrac{\pi}{2}\right)$ とおくとき，$\lim_{n\to\infty} n\theta_n$ を求めよ。

(3) (2)で与えた複素数の n 乗 $\left(1 + \dfrac{x}{n}i\right)^n$ について，$\lim_{n\to\infty}\left(1 + \dfrac{x}{n}i\right)^n$ を求めよ。

(金沢大 (前) 理・工・改)

[類題出題校：早稲田大]

★テーマ 21 漸化式と極限①

21

20分 解答は本冊 P.71

関数 $f(x)=4x-x^2$ に対し，数列 $\{a_n\}$ を

$$a_1=c,\ a_{n+1}=\sqrt{f(a_n)} \quad (n=1,\ 2,\ 3,\ \cdots\cdots)$$

で与える。ただし，c は $0<c<2$ を満たす定数である。

(1) $a_n<2,\ a_n<a_{n+1}$ $(n=1,\ 2,\ 3,\ \cdots\cdots)$ を示せ。

(2) $2-a_{n+1}<\dfrac{2-c}{2}(2-a_n)$ $(n=1,\ 2,\ 3,\ \cdots\cdots)$ を示せ。

(3) $\displaystyle\lim_{n\to\infty}a_n$ を求めよ。

（東北大（前） 理・工）

［類題出題校：千葉大，名古屋大，京都大］

★テーマ 22 漸化式と極限②

22

25分 解答は本冊 P.74

関数 $f(x)$ を $f(x)=\dfrac{1}{2}x\{1+e^{-2(x-1)}\}$ とする。ただし，e は自然対数の底である。

(1) $x>\dfrac{1}{2}$ ならば $0\leqq f'(x)<\dfrac{1}{2}$ であることを示せ。

(2) x_0 を正の数とするとき，数列 $\{x_n\}$ $(n=0,\ 1,\ \cdots\cdots)$ を，$x_{n+1}=f(x_n)$ によって定める。
$x_0>\dfrac{1}{2}$ であれば，$\displaystyle\lim_{n\to\infty}x_n=1$ であることを示せ。

（東京大（前） 理）

［類題出題校：三重大，京都大］

★テーマ 23 グラフの共有点の極限

23

20分　解答は本冊 P.79

各自然数 n に対して曲線 $y=e^{nx}-1$ と円 $x^2+y^2=1$ の第1象限における交点の座標を $(p_n,\ q_n)$ とする。

(1) $x \geqq 0$ のとき，不等式 $e^{nx}-1 \geqq nx$ が成り立つことを証明せよ。

(2) (1)の結果を用いて $\lim_{n\to\infty} p_n=0$ を証明せよ。

(3) (2)の結果を用いて $\lim_{n\to\infty} q_n$ および $\lim_{n\to\infty} np_n$ を求めよ。

(4) 4点 $(0,\ 0)$，$(p_n,\ 0)$，$(0,\ q_n)$，$(p_n,\ q_n)$ を頂点とする長方形の面積を S_n で表し，また曲線 $y=e^{nx}-1$，x 軸，直線 $x=p_n$ で囲まれた図形の面積を T_n で表すことにする。このとき，$\lim_{n\to\infty} \dfrac{T_n}{S_n}$ を求めよ。

(大阪大(前)　理・医)

［類題出題校：北海道大，東北大，東京工業大］

★テーマ 24 曲線に接する円の中心と極限

24

20分　解答は本冊 P.82

xy 平面において，直線 $x=0$ を L とし，曲線 $y=\log x$ を C とする。さらに，L 上，または C 上，または L と C との間にはさまれた部分にある点全体の集合を A とする。

A に含まれ，直線 L に接し，かつ曲線 C と点 $(t,\ \log t)$　$(0<t)$ において共通の接線をもつ円の中心を P_t とする。

P_t の x 座標，y 座標を t の関数として

$$x=f(t),\quad y=g(t)$$

と表したとき，次の極限値はどのような数となるか。

(i) $\lim_{t\to 0} \dfrac{f(t)}{g(t)}$

(ii) $\lim_{t\to +\infty} \dfrac{f(t)}{g(t)}$

(東京大　理)

［類題出題校：慶應義塾大，金沢大］

★テーマ 25 グラフの共有点の個数

25

xy 平面上の曲線 $y=\cos\left(\sqrt{\dfrac{\pi}{2}}x\right)$ と，原点を中心とする半径 r の円との共有点の個数 $N(r)$ を求めよ。

（東京工業大）

［類題出題校：北海道大，東京大，名古屋大］

★テーマ 26 不等式の証明

26

e を自然対数の底，すなわち $e=\lim\limits_{t\to\infty}\left(1+\dfrac{1}{t}\right)^t$ とする。すべての正の実数 x に対し，次の不等式が成り立つことを示せ。

$$\left(1+\frac{1}{x}\right)^x<e<\left(1+\frac{1}{x}\right)^{x+\frac{1}{2}}$$

（東京大（前） 理）

［類題出題校：北海道大，東京工業大，早稲田大］

★テーマ 27 不等式の成立条件

□ 27

すべての正の実数 x, y に対し

$$\sqrt{x}+\sqrt{y} \leqq k\sqrt{2x+y}$$

が成り立つような実数 k の最小値を求めよ。

(東京大(前) 文理共通)

[類題出題校：北海道大，東北大，早稲田大]

☆テーマ 28 大小比較

□ 28

正の実数 a, b, p に対して，$A=(a+b)^p$ と $B=2^{p-1}(a^p+b^p)$ の大小関係を調べよ。

(東京工業大(前))

[類題出題校：東北大，名古屋大，名古屋市立大]

★テーマ 29 n 変数の不等式の証明

29

25分 解答は本冊 P.102

$x_i\,(i=1,\ 2,\ \cdots\cdots,\ n)$ を正の数とし，$\sum_{i=1}^{n} x_i = k$ を満たすとする。

このとき，不等式 $\sum_{i=1}^{n} x_i \log x_i \geqq k \log \dfrac{k}{n}$ を証明せよ。 （東京工業大（前））

［類題出題校：千葉大，慶應義塾大，金沢大，京都府立大］

★テーマ 30 2円の和集合と共通部分

30

25分 解答は本冊 P.106

$0<r<1$ となる実数 r に対し，点 $\mathrm{O}(0,\ 0)$ を中心とし半径が r の円を C とする。円 C' は中心が $\mathrm{O}'(1,\ 0)$ で円 C と異なる 2 点 P，Q で交わり，$\mathrm{OP} \perp \mathrm{O'P}$ となるものとする。円 C の内部を D，円 C' の内部を D'，四辺形 $\mathrm{OPO'Q}$ の内部を D'' と表す。r を $0<r<1$ の範囲で変化させるとき，D'' から交わり $D \cap D'$ を除いた部分の面積の最大値を求めよ。

（京都大　理）

［類題出題校：東京工業大，早稲田大，日本医科大，金沢大］

★テーマ 31 正四角錐と球の表面積比

□ **31** 25分 解答は本冊 P.108

正四角錐 V に内接する球を S とする。V をいろいろ変えるとき，比

$$R=\frac{S\text{の表面積}}{V\text{の表面積}}$$

のとり得る値のうち，最大のものを求めよ。

ここで正四角錐とは，底面が正方形で，底面の中心と頂点を結ぶ直線が底面に垂直であるような角錐のこととする。　（東京大　理）

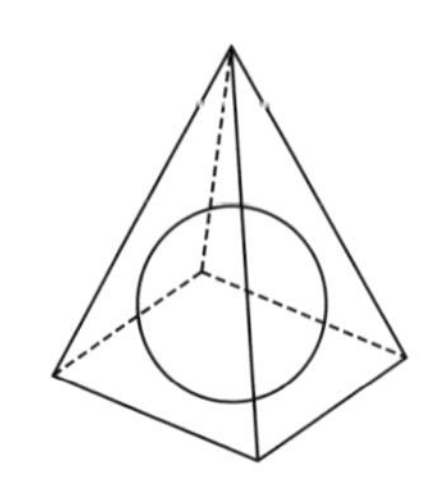

［類題出題校：一橋大，京都大］

★テーマ 32 無限級数の和

□ **32** 20分 解答は本冊 P.112

$a_n=\sum_{k=1}^{n}\frac{1}{\sqrt{k}}$，$b_n=\sum_{k=1}^{n}\frac{1}{\sqrt{2k+1}}$ とする。

(1) $\lim_{n\to\infty}a_n$ を求めよ。

(2) $\lim_{n\to\infty}\frac{b_n}{a_n}$ を求めよ。　（東京大（前）理・改）

［類題出題校：東北大，筑波大，東京工業大，慶應義塾大，金沢大，名古屋大］

★テーマ 33 定積分の評価と数列の和

33

25分　解答は本冊 P.116

(1)　すべての自然数 k に対して，次の不等式を示せ。

$$\frac{1}{2(k+1)}<\int_0^1\frac{1-x}{k+x}dx<\frac{1}{2k}$$

(2)　$m>n$ であるようなすべての自然数 m と n に対して，次の不等式を示せ。

$$\frac{m-n}{2(m+1)(n+1)}<\log\frac{m}{n}-\sum_{k=n+1}^{m}\frac{1}{k}<\frac{m-n}{2mn}$$

（東京大（前）　理）

［類題出題校：金沢大］

☆テーマ 34 カージオイド曲線

座標平面上の原点Oを中心とする半径1の円を $C：x^2+y^2=1$，C 上の点 $\mathrm{P}(x,\ y)$ における C の接線を l，点 $\mathrm{A}(1,\ 0)$ から l に下ろした垂線の足を $\mathrm{Q}(X,\ Y)$，線分 AQ の長さを r とする。このとき，$x=\cos\theta$，$y=\sin\theta$　$(0\leqq\theta<2\pi)$，$\theta=0$ のとき $r=0$ として，以下の問いに答えよ。

(1)　r，X，Y をそれぞれ θ のみの関数として表せ。

(2)　点Pが C 上を動くとき

　(i)　X のとり得る値の範囲を求めよ。

　(ii)　Y のとり得る値の範囲を求めよ。

(3)　点Qの軌跡の概形を図示せよ。

(4)　点Qの軌跡が囲んでできる図形の面積 S を求めよ。

（防衛医科大）

［類題出題校：千葉大，京都大］

☆テーマ 35 インボリュート曲線

35 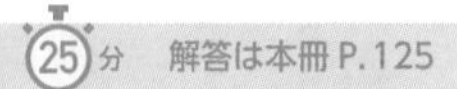

原点Oを中心とする半径aの円に糸がまきつけられていて，糸の端は点A$(a,\ 0)$にあり，反時計回りにほどける。いま糸をたわむことなくほどいていき，その糸と円の接点をRとし，$\angle \mathrm{AOR}=\theta \quad (0\leqq\theta\leqq 2\pi)$とする。さらに，ほどかれた糸の端の座標をP$(x,\ y)$とする。

(1) xとyをθの関数で表せ。

(2) 第1象限にあるPの軌跡と円および直線 $y=a$ で囲まれる部分の面積を求めよ。

（芝浦工業大　工）

［類題出題校：千葉大，早稲田大，順天堂大，金沢大，名古屋市立大］

☆テーマ 36 エピサイクロイド曲線

xy平面で原点O$(0,\ 0)$を中心とし，半径が1の円Cと，半径が $r=\dfrac{m}{n}$ で，中心が円Cの外側にあり，点P$(1,\ 0)$で円Cに接している円Sを考える。ただし，m，nは互いに素な自然数とする。

最初，円Sの定点Qが点Pと一致している状態から，円Sを円CにCの外側から接したまま，かつ滑ることなくCのまわりを反時計回りに回転させる。以下の問いに答えよ。

(1) 円Cと円Sの接点がRのとき，$\angle \mathrm{POR}=\theta \quad (\theta\geqq 0)$とおく。このときの点Qの座標$(x,\ y)$を$r$，$\theta$を用いて表せ。

(2) 点Qが再び点Pに戻ってくるまでに，円Sは円Cのまわりを何回まわるか。

(3) 点Qが再び点Pに戻ってくるまでこの回転をさせるとき，点Qの描く曲線の長さlを求めよ。

（慶應義塾大　医）

［類題出題校：北海道大，東京大，東京工業大，早稲田大，名古屋大］

★テーマ 37 回転体の体積と定積分の評価

□ 37

25分　解答は本冊 P.134

曲線 $y=\sin x$ $(0 \leqq x \leqq \pi)$ と x 軸で囲まれた図形を x 軸のまわりに1回転してできる立体を考える。この立体を x 軸に垂直な $2n-1$ 個の平面によって体積が等しい $2n$ 個の部分に分割する。ただし，n は2以上の自然数である。

これら $2n-1$ 個の平面と x 軸との交点の x 座標のうち，$\dfrac{\pi}{2}$ より小さくかつ $\dfrac{\pi}{2}$ に最も近いものを a_n とする。このとき，$\lim\limits_{n\to\infty} n\left(\dfrac{\pi}{2}-a_n\right)$ を求めよ。　　(東京大(後)　理)

［類題出題校：京都大，大阪大］

☆テーマ 38 直線の回転体

□ 38

20分　解答は本冊 P.138

a，b を正の実数とする。空間内の2点 A$(0,\ a,\ 0)$，B$(1,\ 0,\ b)$ を通る直線を l とする。直線 l を x 軸のまわりに1回転して得られる図形を M とする。

(1)　x 座標の値が t であるような直線 l 上の点Pの座標を求めよ。

(2)　図形 M と2つの平面 $x=0$ と $x=1$ で囲まれた立体の体積を求めよ。

(3)　図形 M の方程式を x，y，z で表せ。　　(北海道大(前)　理・改)

［類題出題校：東北大，慶應義塾大，早稲田大，京都大］

★テーマ 39 バームクーヘンの回転体

□ **39** 25分 解答は本冊 P.142

$-\frac{1}{4}<s<\frac{1}{3}$ とする。xyz 空間内の平面 $z=0$ の上に長方形

$$R_s=\{(x,\ y,\ 0)\,|\,1\leqq x\leqq 2+4s,\ 1\leqq y\leqq 2-3s\}$$

がある。長方形 R_s を x 軸のまわりに1回転してできる立体を K_s とする。

(1) 立体 K_s の体積 $V(s)$ が最大となるときの s の値，およびそのときの $V(s)$ の値を求めよ。

(2) s を(1)で求めた値とする。このときの立体 K_s を y 軸のまわりに1回転してできる立体 L の体積を求めよ。

(名古屋大(前) 理・工)

[類題出題校：東北大，東京大，京都大，大阪大，九州大]

☆テーマ 40 3つの円柱（内部，外部）の共通部分

□ **40** 25分 解答は本冊 P.145

r を正の実数とする。xyz 空間において

$$x^2+y^2\leqq r^2$$
$$y^2+z^2\geqq r^2$$
$$z^2+x^2\leqq r^2$$

を満たす点全体からなる立体の体積を求めよ。

(東京大(前) 理)

[類題出題校：東北大，東京工業大，名古屋市立大，大阪大]

毎年出る！

センバツ40題

理系数学

上位レベル

[数学Ⅰ・A・Ⅱ・B・Ⅲ]

別冊
問題

学ぶ人は、変えてゆく人だ。

目の前にある問題はもちろん、

人生の問いや、

社会の課題を自ら見つけ、

挑み続けるために、人は学ぶ。

「学び」で、

少しずつ世界は変えてゆける。

いつでも、どこでも、誰でも、

学ぶことができる世の中へ。

旺文社

はじめに

この問題集は，理系難関大学を志望する受験生を対象にした『毎年出る！　センバツ　理系数学』の上位レベル編です。

数学という科目は「解いたことのある問題はできるが，見たことのない問題が出ると手が出ない」「自分には数学的なセンスがない」など苦手意識を持っている生徒が少なからずいます。

なぜ，そのような苦手意識が生まれるのでしょうか？　それは覚えたことがそのまま試験に出ることが少ないからです。「問題の解き方」をただ覚えているだけでは，新たな問題を解けるようにはなりません。それは単語や熟語だけをいくら覚えても英文が読めるようにならないのと同じです。

数学の学習において何故，「問題を解く」のでしょうか？

それは過去に解いた問題と同じ問題に出会う確率を高めるためではありません。「問題を解く」というプロセスの中から解くためのノウハウを抽出し，次の問題を解くことに繋げていくためです。すなわち「問題を解く」ことを通じて，多くの問題に適用できる共通の考え方や計算手法，技法などを身に付けることが目的です。これは，学習においてとても重要な，**物事を抽象化する力**を鍛えることにも繋がります。

それゆえ，「問題の解き方」をひたすら覚えるのではなく，何故そのように解けるのか，また逆に解けないのか，という解法の根拠や理屈を理解することが重要です。解法の必然性を理解しているから，異なる場面で適用できるのです。

問題の解き方（HOW）と**解法の根拠**（WHY）をバランスよく学ぶことが正統的な学習です。端的に言えば，「**問題を学ぶ**」のではなく「**問題で学ぶ**」という姿勢が大事だという訳です。

特に，応用～発展レベルの問題を解くためには，基本問題や定型問題でインプットした内容を状況に合わせてアウトプットしなければなりません。その際に「**考える力**」すなわち**問題の本質を見抜く読解力**，**論理的思考力**，**解法選択の判断力**，さらには**思考過程を説明する表現力**が必要になります。

この問題集には，「**問題で学ぶ**」ために学習効果の高い入試問題 40 題を厳選して収録してありますので，是非とも皆さんの「**考える力**」を高めてほしいと思います。

最後に，この問題集の編集に携わっていただいたすべての皆様に，この場を借りて深く感謝いたします。

吉田克俊

本書の特長と使い方

■問題（別冊）

難関大学に対応するために学習効果の高い入試問題を 40 題厳選し，前半に数学Ⅰ・A・Ⅱ・Bの問題，後半に数学Ⅲの問題を，標準レベルのものから応用～発展レベルのものまで幅広く収録してあります。

また，問題レベルとは別の視点として，「ノウハウをインプットすることに主眼をおいた問題」と「考えることで解答をアウトプットすることに主眼をおいた問題」に分類しています。

① 問題を解くためのノウハウとして経験しておく必要がある問題（セオリー，定石，常套手段を学ぶ問題）については☆

② 持っている知識と経験を組み合わせて，考える力をつけるタイプの問題（解法を覚えるのではなく，各場面で必要な解法が引き出せるかどうかが問われている問題）については★

のマークをつけてありますので，学ぶ際の参考にしてください。

まずは，目標解答時間 00分 において，これらの問題を解いてみることをお勧めします。なかなか手が出ないようでしたら，解答編にある アプローチ を読んでからもう一度トライしてみましょう。

類題出題校

類題が出題された大学名を掲載しています。

■解答（本冊）

まずは，アプローチ を読んで，その問題を正確に，的確に捉えていたか，解くために必要な知識を持っていたか，解法のシナリオが描けていたかなどを確認してみましょう。

アプローチ には，基本的な知識の確認や定型問題に対する解法の選択肢なども載せてあります。アプローチ を読んでから，解答 をチェックして思考過程や計算過程を確認してください。その際，解答の記述の仕方，図や表などを用いた答案としての表現力も学習してほしいと思います。

また，〈補足〉や 参考 には，解答 には書いていない追加情報，関連事項を載せてあります。その問題の理解を深めるためでもあり，別の問題を解く際に利用，活用できる場合もありますから，合わせて学習するとよいでしょう。

解答　目次

著者紹介

吉田克俊（よしだかつとし）

東京工業大学理学院数学系修士課程修了。大手予備校で20年以上のキャリアをもつ。
東京大学，東京工業大学，国公立大学医学部コースなど難関大学の入試対策を中心に数多くの講座を担当し，サテライト授業などを通じて多くの受験生に授業を行う。単なる知識やテクニックの習得，蓄積ではなく基本的な知識をどのように応用するのか，という思考力を重視する。HOWよりもWHYを大切にする授業スタイルは，難関大学を目指す多くの受験生から大きな信頼と支持を集めている。

紙面デザイン：内津 剛（及川真咲デザイン事務所）　図版：プレイン
編集協力：有限会社 四月社　企画・編集：鈴木圭一郎

テーマ 1 ボールを箱に入れるグループ分け

1 アプローチ

グループ分け問題については，分けられるボールと分ける箱に区別があるかないかを見極めて，適切な数え方を選択しましょう。

	分けられるボール	分ける箱	数え方
(1)	**区別あり**	**区別あり**	**重複順列**
(2)	**区別なし**	**区別あり**	**重複組合せ**
(3)	**区別あり**	**区別なし**	**(1)＋箱の入れ換え**
(4)	**区別なし**	**区別なし**	**(2)＋箱の入れ換え**

解答

(1) 各ボールについて，箱の選び方は A，B，C の 3 通りずつあるから，n 個のボールの入れ方は全部で

3^n 通り

である。

(2) 区別のない n 個のボールを A，B，C の 3 つの箱に分ける分け方は，区別のない n 個のボールと 2 枚の仕切りの並べ方に対応する。

○○……○｜○……○｜○……○

A　B　C

したがって，求めるボールの入れ方は

$${}_{n+2}C_2=\frac{(n+2)(n+1)}{2}\ \text{(通り)}$$

である。

(3) 異なる n 個のボールを，A，B，C と区別された 3 つの箱に分けてから，A，B，C の区別をなくせばよい。

(1)より，異なる n 個のボールの分け方は全部で 3^n 通り

このうち，1 箱だけに入れる方法は

${}_3C_1\times 1^n=3$ (通り)　……①

2 箱だけに入れる方法は

${}_3C_2\times(2^n-2)=3\cdot(2^n-2)$ (通り)　……②

これより，3 箱すべてに入れる方法は

$3^n-\{3+3(2^n-2)\}=3^n-3\cdot 2^n+3$ (通り)　……③

このとき，各場合に対して，箱 A，B，C の入れ換えについて

①は 3 通り，②，③はともに $3!=6$ (通り)

あるから，求める分け方は

$$\frac{①}{3}+\frac{②+③}{3!}=\frac{3}{3}+\frac{3^n-3}{6}$$

$$=\boldsymbol{\frac{1}{2}(3^{n-1}+1)}\ \textbf{(通り)}$$

である。

(4) 区別のない n 個のボールを A，B，C と区別された 3 つの箱に分けてから，A，B，C の区別をなくせばよい。

$6m$ 個のボールを，A，B，C と区別された 3 つの箱に入れる方法は，(2)と同様にして

$${}_{6m+2}C_2=\frac{(6m+2)(6m+1)}{2}$$

$$=(3m+1)(6m+1)\ (\text{通り})\quad \cdots\cdots ①$$

(i) A，B，C に入れる個数がすべて同じ場合

$(A,\ B,\ C)=(2m,\ 2m,\ 2m)$ の 1 通り ……②

(ii) A，B，C に入れる個数のうち，2 つだけ同じ場合

$A=B\neq C$ となるのは

$(A,\ B,\ C)=(0,\ 0,\ 6m),\ (1,\ 1,\ 6m-2),$
$(2,\ 2,\ 6m-4),\ \cdots\cdots,\ (2m,\ 2m,\ 2m),$
$\cdots\cdots,\ (3m,\ 3m,\ 0)$

の $(3m+1)$ 通りから，(i)の $(2m,\ 2m,\ 2m)$ を除いて $3m$ 通り

$B=C\neq A$ および $C=A\neq B$ となる場合も同じだから

$3m\times 3=9m$ (通り) ……③

(iii) A，B，C に入れる個数がすべて異なる場合

全体から(i)(ii)の場合を除くと

$$①-(②+③)=(3m+1)(6m+1)-(1+9m)$$

$$=18m^2\ (\text{通り})\quad \cdots\cdots ④$$

このとき，各場合に対して箱 A，B，C の入れ換えについて

(i)は 1 通り，(ii)は 3 通り，(iii)は $3!=6$ (通り)

あるから，求める分け方は

$$1+\frac{9m}{3}+\frac{18m^2}{6}=1+3m+3m^2$$

$$=\boldsymbol{1+\frac{n}{2}+\frac{n^2}{12}}\ \textbf{(通り)}$$

である。

テーマ 2 整数解の組の個数

2 アプローチ

『方程式や不等式を満たす整数解の組の個数』を求める場合，代表的なものとして以下の 3 つの方法があります。

（方法 1） 変数を 1 つずつ動かして，数え上げていく。
（方法 2） 領域に含まれる格子点の個数に対応させる。
（方法 3） 『ボールと仕切りの並べ方』に対応させる。

問題によってケースバイケースで考えますが，今回の方程式や不等式は変数の係数がすべて 1 ですから，『重複組合せ』や『ボールと仕切りの並べ方』に対応させることができます。

(1)は『重複組合せ』，(2)は『ボールと仕切りの並べ方』として考えるのが一般的ですが，変数変換することでこれらの組合せの個数が対応していることがわかります。

また，(3)では数値が一般化されていますが，(1)，(2)をきちんと理解しているのかを試す問題と言えるでしょう。

この問題のように『方程式や不等式の解の組の個数』を『重複組合せ』や『ボールと仕切りの並べ方』という具体的な問題に帰着させて計算することだけでなく，具体的な問題に対して『方程式や不等式の解の組の個数』に対応させることによって抽象化することができ，見た目は異なる問題であっても本質的に同じタイプの問題であることがわかります。

解答

(1) $1 \leqq a_1 \leqq a_2 \leqq a_3 \leqq a_4 \leqq a_5 \leqq 4$ ……$(*)_1$

〈解 1〉 重複組合せ

$(*)_1$ を満たす $(a_1,\ a_2,\ \cdots\cdots,\ a_5)$ の組の個数は 1 ～ 4 の数字の中から重複を許して 5 個の数字を選び，それらを小さい順に並べる並べ方に等しく，5 個のボールと 3 枚の仕切りの順列に対応する。

○ ○ | ○ | ○ | ○
1 2 3 4

よって，求める個数は

$${}_4\mathrm{H}_5 = {}_8\mathrm{C}_5$$
$$= \frac{8 \cdot 7 \cdot 6}{3 \cdot 2}$$
$$= \mathbf{56}\ \textbf{(個)}$$

〈解 2〉 変数変換 → 組合せ

$$b_1=a_1,\ b_2=a_2+1,\ b_3=a_3+2,\ b_4=a_4+3,\ b_5=a_5+4$$

とおくと

$$(*)_1 \iff 1 \leqq b_1 < b_2 < b_3 < b_4 < b_5 \leqq 8 \quad \cdots\cdots (*)_1'$$

となり，$(*)_1'$ を満たす $(b_1,\ b_2,\ b_3,\ b_4,\ b_5)$ の組の個数は，1 ～ 8 の数字の中から異なる 5 個の数字を選び，それらを小さい順に並べる並べ方に等しいから

$${}_8\mathrm{C}_5=\mathbf{56}\ (\textbf{個})$$

〈解 3〉 変数変換 → 方程式の解の組の個数

$$a_1-1=c_1,\ a_2-a_1=c_2,\ a_3-a_2=c_3,$$
$$a_4-a_3=c_4,\ a_5-a_4=c_5,\ 4-a_5=c_6$$

とおくと

$$(*)_1 \iff \begin{cases} c_i \geqq 0 \quad (i=1,\ 2,\ 3,\ 4,\ 5,\ 6) \\ c_1+c_2+c_3+c_4+c_5+c_6=3 \end{cases} \quad \cdots\cdots (*)_1''$$

となり，$(*)_1''$ を満たす $(c_1,\ c_2,\ \cdots\cdots,\ c_6)$ の解の組の個数は 3 個のボールと 5 枚の仕切りの順列に対応する。

○ || ○ || ○ |

よって，求める個数は

$${}_8\mathrm{C}_3={}_8\mathrm{C}_5=\mathbf{56}\ (\textbf{個})$$

(2)
$$\begin{cases} a_1 \geqq 1,\ a_i \geqq 0 \quad (i=2,\ 3,\ 4,\ 5) \\ a_1+a_2+a_3+a_4+a_5 \leqq 4 \end{cases} \quad \cdots\cdots (*)_2$$

〈解 1〉 「ボール」と「仕切り」の順列

$a_1-1=a_1'$ とおくと

$$(*)_2 \iff \begin{cases} a_1' \geqq 0,\ a_i \geqq 0 \quad (i=2,\ 3,\ 4,\ 5) \\ a_1'+a_2+a_3+a_4+a_5 \leqq 3 \end{cases} \quad \cdots\cdots (*)_2'$$

$(*)_2'$ を満たす $(a_1',\ a_2,\ a_3,\ a_4,\ a_5)$ の解の組の個数は 3 個のボールと 5 枚の仕切りの順列に対応する。

| ○ || ○ | ○ |

よって，求める個数は

$${}_8\mathrm{C}_3=\frac{8\cdot 7\cdot 6}{3\cdot 2}$$
$$=\mathbf{56}\ (\textbf{個})$$

〈解 2〉 **変数変換 → 重複組合せ**

$$b_1=a_1,\ b_2=a_1+a_2,\ b_3=a_1+a_2+a_3,$$
$$b_4=a_1+a_2+a_3+a_4,\ b_5=a_1+a_2+a_3+a_4+a_5$$

とおくと

$$(*)_2 \iff 1\leqq b_1\leqq b_2\leqq b_3\leqq b_4\leqq b_5\leqq 4$$

となるから，(1)の個数と同じになる。

(3) n 桁の自然数の各位の数字を最高位から順に a_n，a_{n-1}，……，a_2，a_1 とおくと，条件より

$$\begin{cases} 1\leqq a_n\leqq 9 \\ 0\leqq a_i\leqq 9 \quad (i=1,\ 2,\ \cdots\cdots,\ n-1) \quad \cdots\cdots(*)_3 \\ a_1+a_2+\cdots\cdots+a_n\leqq r\leqq 9 \end{cases}$$

と表せ，$a_n-1=a_n'$ とおくと，$(*)_3$ は

$$\begin{cases} 0\leqq a_n'\leqq 8 \\ 0\leqq a_i\leqq 9 \quad (i=1,\ 2,\ \cdots\cdots,\ n-1) \quad \cdots\cdots(*)_3' \\ a_1+a_2+\cdots\cdots+a_n'\leqq r-1\leqq 8 \end{cases}$$

となり，$(*)_3'$ を満たす $(a_1,\ a_2,\ \cdots\cdots,\ a_{n-1},\ a_n')$ の解の組の個数は，$(r-1)$ 個のボールと n 枚の仕切りの順列に対応する。

よって，求める個数は

$$_{r-1+n}\mathrm{C}_n=\boldsymbol{\frac{(n+r-1)!}{n!(r-1)!}}\ \textbf{(個)}$$

である。

別解

$b_k=a_1+a_2+\cdots\cdots+a_k \quad (1\leqq k\leqq n)$ とおくと

$$(*)_3 \iff 1\leqq b_1\leqq b_2\leqq\cdots\cdots\leqq b_n\leqq r\leqq 9 \quad \cdots\cdots(*)_3'$$

となり，$(*)_3'$ を満たす $(b_1,\ b_2,\ \cdots\cdots,\ b_n)$ の組の個数は $1\sim r$ の数字の中から重複を許して n 個の数字を選び，それらを小さい順に並べる並べ方に等しく，n 個のボールと $(r-1)$ 枚の仕切りの順列に対応する。

よって，求める個数は

$$_r\mathrm{H}_n={}_{n+r-1}\mathrm{C}_n=\frac{(n+r-1)!}{n!(r-1)!}\ (個)$$

である。

テーマ 3　完全順列（モンモールの問題）

3　アプローチ

有限な数列に対して，その順番を任意に入れ換えたときにすべての項が元の位置と異なるような並べ方を，『完全順列』といいます。

(1)，(2)では具体的な数値で数えますが，(3)では一般化した場合を考えます。

完全順列を計算する手段としては

（方法 1）　樹形図などを用いて具体的に書き出す。

（方法 2）　余事象に着目して前の結果を利用する。

（方法 3）　漸化式を作成する。

などがあります。

(1)，(2)であれば**（方法 1）**や**（方法 2）**でも十分に調べることができますが，一般化された(3)になると漸化式を作成することが有効です。

解答

1 から n まで n 枚のカードを並べたときのカードを左から順に

x_1，x_2，……，x_n とする。

このとき，条件より

$$x_k \neq k \quad (k=1,\ 2,\ \cdots\cdots,\ n)$$

を満たす並べ方について考える。

(1)　$n=4$ の場合

具体的に書き出すと次のようになる。

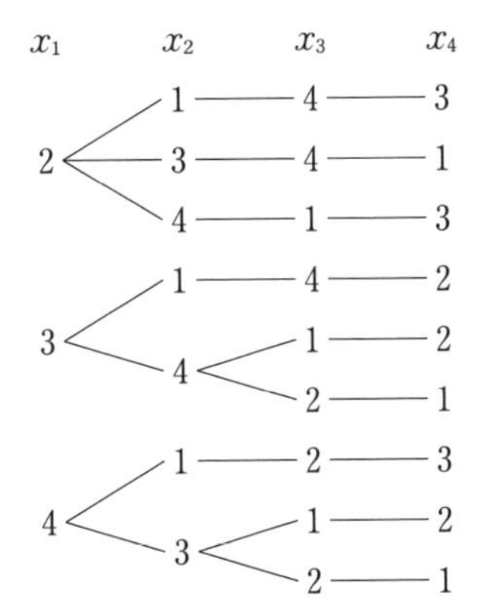

以上より，$\boldsymbol{a_4=9}$ **（通り）**

(2) $n=6$ の場合

まず，$n=2$，3 の場合について考える。

$n=2$ のとき

x_1 x_2

2 1 …… $a_2=1$ (通り)

$n=3$ のとき

x_1 x_2 x_3

$$\begin{cases} 2-3-1 \\ 3-1-2 \end{cases} \quad \cdots\cdots \quad a_3=2\,(\text{通り})$$

次に，$n=5$ の場合について，余事象を考える。

$x_k=k$ $(k=1,\ 2,\ \cdots\cdots,\ 5)$

を満たすカードが何枚あるのかで場合分けする。

(i) 1 枚あるとき

1〜5 の中から $x_k=k$ を満たすカードを 1 枚選び，残りの 4 枚は $x_k \neq k$ を満たすので

$${}_5C_1 \times a_4=45\,(\text{通り})$$

(ii) 2 枚あるとき

$${}_5C_2 \times a_3=20\,(\text{通り})$$

(iii) 3 枚あるとき

$${}_5C_3 \times a_2=10\,(\text{通り})$$

(iv) 4 枚だけ $x_k=k$ となる場合はない。

(v) 5 枚あるとき

$${}_5C_5=1\,(\text{通り})$$

カードの並べ方は全部で 5！通りあるから，求める並べ方は

$$a_5=5!-(45+20+10+1)$$
$$=44\,(\text{通り})$$

同様に，$n=6$ の場合を考えると

$$\boldsymbol{a_6}=6!-({}_6C_1\cdot a_5+{}_6C_2\cdot a_4+{}_6C_3\cdot a_3+{}_6C_4\cdot a_2+{}_6C_6)$$
$$=720-(264+135+40+15+1)$$
$$=\mathbf{265\,(通り)}$$

(3) $(n+2)$ 枚のカードについて，$x_k \neq k$ $(k=1,\ 2,\ \cdots\cdots,\ n+2)$ を満たす並べ方について考える。

条件より，$x_1 \neq 1$ であるから，x_1 の値は

$x_1=2,\ 3,\ \cdots\cdots,\ n+2$

の $(n+1)$ 通りある。

まず，$x_1=2$ の場合について考えると，$x_2=1$ または $x_2 \neq 1$ の 2 つの場合に分けられる。

(i)　$x_2=1$ のとき

$$\begin{array}{cccccc} x_1 & x_2 & x_3 & x_4 & \cdots\cdots & x_{n+2} \\ \| & \| & \# & \# & & \# \\ 2 & 1 & 3 & 4 & \cdots\cdots & n+2 \end{array}$$

x_1，x_2 を除く n 枚の並べ方について

$x_k \neq k$　$(k=3,\ 4,\ \cdots\cdots,\ n+2)$

となる並べ方を考えればよいので，a_n 通り

(ii)　$x_2 \neq 1$ のとき

$$\begin{array}{cccccc} x_1 & x_2 & x_3 & x_4 & \cdots\cdots & x_{n+2} \\ \| & \# & \# & \# & & \# \\ 2 & 1 & 3 & 4 & \cdots\cdots & n+2 \end{array}$$

ここで 1 と 2 の位置を交換しても，並べ方の総数は変わらない。

$$\begin{array}{cccccc} x_1 & x_2 & x_3 & x_4 & \cdots\cdots & x_{n+2} \\ \| & \# & \# & \# & & \# \\ 1 & 2 & 3 & 4 & \cdots\cdots & n+2 \end{array}$$

このとき，x_1 を除く $(n+1)$ 枚の並べ方について

$x_k \neq k$　$(k=2,\ 3,\ \cdots\cdots,\ n+2)$

となる並べ方を考えればよいので，a_{n+1} 通り

また，$x_1=3$，$\cdots\cdots$，$n+2$ の各場合についても同様に考えられるので，$x_k \neq k$　$(k=1,\ 2,\ \cdots\cdots,\ n+2)$ となる並べ方は

$$\boldsymbol{a_{n+2}=(n+1)(a_n+a_{n+1})}\quad \boldsymbol{(n \geqq 3)}$$

である。

別解

$x_k=k$ を満たす k を不動点とすると，x_1，x_2，$\cdots\cdots$，x_{n+2} について不動点が 1 つも存在しないような並べ方 a_{n+2} について考える。

このとき，1, 2, $\cdots\cdots$, $n+2$ を並べたときに不動点が 1 つも存在しない列を以下の手順で作成する。

(step 1)　1, 2, $\cdots\cdots$, $n+1$ を並べ換えて $(n+1)$ 個の列 x_1，x_2，$\cdots\cdots$，x_{n+1} を作る。

(step 2)　1 番最後に $n+2$ を追加し，x_{n+2} と x_1～x_{n+1} のいずれかを交換して新たに $(n+2)$ 個の列 x_1，x_2，$\cdots\cdots$，x_{n+2} を作る。

このとき，(**step 1**) において，$(n+1)$ 個の列 x_1，x_2，……，x_{n+1} に，不動点が 2 個以上あると，(**step 2**) の入れ換えを行っても，$(n+2)$ 個の列 x_1，x_2，……，x_{n+2} の中に不動点が存在してしまうので不適。

したがって，$(n+1)$ 個の列 x_1，x_2，……，x_{n+1} の中には不動点が 0 個または 1 個であることが必要である。

(i) $(n+1)$ 個の列中に不動点が 0 個のとき，a_{n+1} 通り

(**step 2**) での $n+2$ の入れ換えは x_1～x_{n+1} のいずれと行ってもよいので，$(n+1)$ 通り

よって

$\{a_{n+1}\times(n+1)\}$ 通り

(ii) $(n+1)$ 個の列中に不動点が 1 個のとき，a_n 通り

どれが不動点であるかで $(n+1)$ 通り

(**step 2**) では，(**step 1**) の不動点と $n+2$ の入れ換えを行うので，1 通り

よって

$\{a_n\times(n+1)\times1\}$ 通り

以上，(i)(ii)より

$$a_{n+2}=(n+1)(a_{n+1}+a_n)$$

である。

参考

1 から n までの数字が書かれた n 枚のカードを並べ換えた順列のうち，はじめの順番と並べ換えた順番がすべて異なる並べ方を n 枚の**完全順列**といいます。

n 枚の完全順列の個数を a_n 通りとすると，本問で証明したように，$\{a_n\}$ について

$$\begin{cases} a_1=0,\ a_2=1 \\ a_{n+2}=(n+1)(a_{n+1}+a_n) \quad \cdots\cdots① \end{cases}$$

が成り立つので，①の両辺から $(n+2)a_{n+1}$ を引くと

$$\begin{aligned} a_{n+2}-(n+2)a_{n+1} &= -a_{n+1}+(n+1)a_n \\ &= -\{a_{n+1}-(n+1)a_n\} \end{aligned}$$

ここで，$a_{n+1}-(n+1)a_n=b_n$ とおくと

$$\begin{cases} b_{n+1}=-b_n \\ b_1=a_2-2a_1=1 \end{cases}$$

なので

$$b_n=b_1\cdot(-1)^{n-1}=(-1)^{n-1}$$

すなわち

$$a_{n+1}-(n+1)a_n=(-1)^{n-1}$$

となります。

さらに，両辺を $(n+1)!$ で割ると

$$\frac{a_{n+1}}{(n+1)!}-\frac{a_n}{n!}=\frac{(-1)^{n-1}}{(n+1)!}$$

ここで，$\frac{a_n}{n!}=c_n$ とおくと

$$\begin{cases} c_{n+1}-c_n=\dfrac{(-1)^{n-1}}{(n+1)!}=\dfrac{(-1)^{n+1}}{(n+1)!} \\ c_1=\dfrac{a_1}{1!}=0 \end{cases}$$

$n \geqq 2$ のとき

$$\begin{aligned} c_n&=c_1+\sum_{k=1}^{n-1}\frac{(-1)^{k+1}}{(k+1)!} \\ &=\frac{1}{2!}-\frac{1}{3!}+\frac{1}{4!}-\frac{1}{5!}+\cdots\cdots+\frac{(-1)^n}{n!} \\ &=\frac{1}{0!}-\frac{1}{1!}+\frac{1}{2!}-\frac{1}{3!}+\cdots\cdots+\frac{(-1)^n}{n!} \\ &=\sum_{k=0}^{n}\frac{(-1)^k}{k!} \end{aligned}$$

これは $n=1$ のときも成り立ちます。

したがって

$$\frac{a_n}{n!}=\sum_{k=0}^{n}\frac{(-1)^k}{k!} \quad \left(a_n=n!\sum_{k=0}^{n}\frac{(-1)^k}{k!}\right)$$

と表せます。

マクローリン展開という手法により

$$e^x=\sum_{k=0}^{\infty}\frac{x^k}{k!}$$

という事実が成り立つので

$$\lim_{n\to\infty}\frac{a_n}{n!}=\sum_{k=0}^{\infty}\frac{(-1)^k}{k!}=e^{-1}=\frac{1}{e}$$

すなわち，十分大きい n の値に対して n 枚の完全順列が作られる確率は $\frac{1}{e}$ となります。

自然対数の底 e が現れてくるとは意外性があって面白いですね。

テーマ 4　四角形の頂点を移動する物体の確率

4　アプローチ

次に起こる事象の確率が，現在の状態に至るまでの経過とは関係なく，現在の状態によってのみ決定される確率過程のことを**マルコフ過程**といいます。マルコフ過程の確率には漸化式の作成が有効な手段であり，一般的に以下のステップで行います。

(step 1)　**事象を設定し，1 回の試行で各事象が推移する確率を計算しておく。**
(step 2)　**n 回目と $(n+1)$ 回目に着目して，確率漸化式を作成する。**
(step 3)　**漸化式を解いて一般項を求める。**

確率において，n を含むからといって何でも漸化式を作ればよい訳ではありません。各事象が推移する確率について，1 回目から 2 回目でも，2 回目から 3 回目でも，……，n 回目から $(n+1)$ 回目でも**常に同じ仕組みで計算される場合**（マルコフ過程）に漸化式が有効な手段となります。

ですから，(step 1) での各事象が推移する確率を調べておくことが漸化式を作成すべきかどうかの判断材料になり，またその数値が漸化式を作るときに鍵となります。

これを図示したものを，**『確率遷移図』**といい漸化式作成の設計図になります。

解答

事象 A，B，C を次のように設定する。

A：物体Uが点Aにある
B：物体Uが点 B_1，B_2，B_3，B_4 のいずれかにある
C：物体Uが点 C_1，C_2，C_3，C_4 のいずれかにある

条件より，線分で結ばれているどの点にも等確率で移動するから，各事象 A, B, C が 1 秒後に推移する確率は，次のようになる。

$$\frac{2}{5}\ (B \to B)$$

$$A \underset{\frac{1}{5}}{\overset{1}{\rightleftarrows}} B \underset{1}{\overset{\frac{2}{5}}{\rightleftarrows}} C$$

物体Uが n 秒後に B, C にある確率をそれぞれ b_n, c_n とおくと，n 秒後と $(n+1)$ 秒後に A，B，C にある確率は次のようになる。

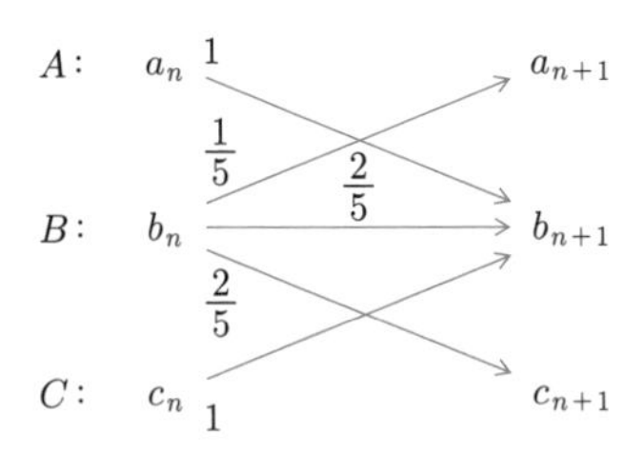

これより，$n \geqq 0$ のとき

$$\begin{cases} a_{n+1} = \dfrac{1}{5} b_n & \cdots\cdots ① \\ b_{n+1} = a_n + \dfrac{2}{5} b_n + c_n & \cdots\cdots ② \\ c_{n+1} = \dfrac{2}{5} b_n \end{cases}$$

が成り立つ。

また，全確率$=1$ であるから

$$a_n + b_n + c_n = 1 \quad \cdots\cdots ③$$

②，③より，a_n と c_n を消去して

$$b_{n+1} = \frac{2}{5} b_n + (1 - b_n)$$

$$= -\frac{3}{5} b_n + 1 \quad \cdots\cdots ④$$

最初に物体Uは点Aにあるから，$b_0 = 0$

④を変形して

$$b_{n+1} - \frac{5}{8} = -\frac{3}{5}\left(b_n - \frac{5}{8}\right)$$

$$b_n - \frac{5}{8} = \left(b_0 - \frac{5}{8}\right) \cdot \left(-\frac{3}{5}\right)^n$$

$$= -\frac{5}{8} \cdot \left(-\frac{3}{5}\right)^n$$

$$b_n = \frac{5}{8}\left\{1 - \left(-\frac{3}{5}\right)^n\right\} \quad (n \geqq 0)$$

これを①に代入すると，求める確率は

$$\boldsymbol{a_n} = \frac{1}{5} b_{n-1}$$

$$\boldsymbol{= \frac{1}{8}\left\{1 - \left(-\frac{3}{5}\right)^{n-1}\right\}} \quad (n \geqq 1)$$

である。

テーマ 5 A，B，C，Dの文字を並べる確率

5 アプローチ

さいころを繰り返し投げ，出た目の数に応じて文字列を作るとき，左からn番目がAとなる確率および$(n-1)$番目とn番目がそれぞれA，Bとなる確率を考えます。

このときさいころを投げる回数については，文字がn文字以上並ぶ回数を投げていればさいころを投げる回数に関係なく左からn番目がAとなる確率は決まるはずです。

左からn番目がAとなるようなさいころの目の出方を直接求めるのは場合分けが煩雑になり有効な方法ではありません。そこで，『漸化式の作成』という選択肢を考えます。

漸化式を作成する際のポイントは，**最初の1回または最後の1回で場合分け**するのが原則です。この問題では，最初の1回で場合分けすると，隣接3項間漸化式が作れます。

また，最後の1回で場合分けすると隣接2項間漸化式が作れますが，その場合は2つのAを区別しておくことが必要です。

解答

(1) さいころを繰り返し投げ，文字列を作るとき，左からn番目の文字がAとなる確率をp_n $(n \geqq 1)$とする。

左から$(n+2)$番目の文字がAとなる場合について，1回目のさいころの出た目で場合分けする。

(i) 1回目のさいころの目が1，2，3のとき

1 2 3 4 …… n $n+1$ $n+2$

A A □ □ □ □ A

n文字のうち最後がA

1，2番目はともにAであり，残りの$3 \sim (n+2)$番目については，n文字のうちn番目がAであるから，その確率はp_nである。

(ii) 1回目のさいころの目が4，5，6のとき

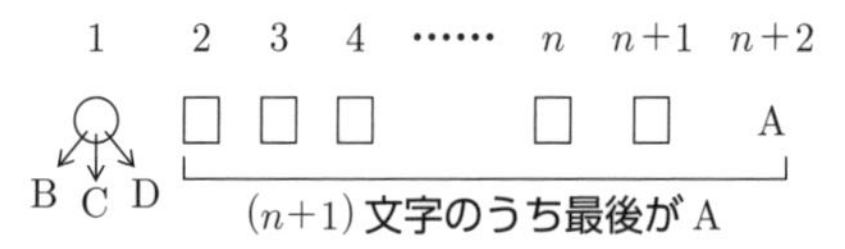

1番目はB，C，Dのいずれかであり，残りの$2 \sim (n+2)$番目については，$(n+1)$文字のうち$(n+1)$番目がAであるから，その確率はp_{n+1}である。

以上，(i)(ii)より，左から$(n+2)$番目がAとなる確率は

$$p_{n+2}=\frac{1}{2}p_n+\frac{1}{2}p_{n+1} \quad \cdots\cdots①$$

また，$n=1,\ 2$ のとき

$$p_1=\frac{1}{2},\ p_2=\frac{1}{2}+\frac{1}{2}\cdot\frac{1}{2}=\frac{3}{4}$$

①を変形すると

$$\begin{cases} p_{n+2}-p_{n+1}=-\dfrac{1}{2}(p_{n+1}-p_n) \\ p_{n+2}+\dfrac{1}{2}p_{n+1}=p_{n+1}+\dfrac{1}{2}p_n \end{cases}$$

これより

$$\begin{cases} p_{n+1}-p_n=(p_2-p_1)\left(-\dfrac{1}{2}\right)^{n-1}=\left(-\dfrac{1}{2}\right)^{n+1} \\ p_{n+1}+\dfrac{1}{2}p_n=p_2+\dfrac{1}{2}p_1=1 \end{cases}$$

となり，辺々引くと

$$\frac{3}{2}p_n=1-\left(-\frac{1}{2}\right)^{n+1}$$

$$p_n=\boldsymbol{\frac{2}{3}\left\{1-\left(-\frac{1}{2}\right)^{n+1}\right\}}$$

である。

別解

さいころを投げて1，2，3の目が出たときに書く文字列AAについて，2つのAをA_1A_2と区別する。

$$\begin{cases} \text{左から}n\text{番目が}A_1\text{となる確率を }a_n \\ \text{左から}n\text{番目が}A_2\text{となる確率を }b_n \end{cases}$$

とする。

まず，左から$(n+1)$番目の文字がA_1となるのは，n番目がA_1以外の文字で，次に1，2，3の目のいずれかが出る場合だから

$$a_{n+1}=(1-a_n)\cdot\frac{1}{2}$$

$$=-\frac{1}{2}a_n+\frac{1}{2} \quad \cdots\cdots①$$

また，初項について，$a_1=\dfrac{1}{2}$

①を変形して

$$a_{n+1}-\frac{1}{3}=-\frac{1}{2}\left(a_n-\frac{1}{3}\right)$$

$$a_n-\frac{1}{3}=\left(a_1-\frac{1}{3}\right)\left(-\frac{1}{2}\right)^{n-1}$$
$$=-\frac{1}{3}\left(-\frac{1}{2}\right)^{n}$$
$$a_n=\frac{1}{3}\left\{1-\left(-\frac{1}{2}\right)^{n}\right\}$$

このとき，左から n 番目の文字が A_2 となるのは左から $(n-1)$ 番目の文字が A_1 となる場合だから

$$b_n=a_{n-1}\quad(n\geqq 2)$$
$$=\frac{1}{3}\left\{1-\left(-\frac{1}{2}\right)^{n-1}\right\}$$

これは，$n=1$ のときも正しい。

したがって，求める確率は

$$p_n=a_n+b_n=\frac{2}{3}+\frac{1}{3}\left(-\frac{1}{2}\right)^{n}$$
$$=\frac{2}{3}\left\{1-\left(-\frac{1}{2}\right)^{n+1}\right\}$$

である。

(2) さいころを繰り返し投げ，文字列を作るとき，左から $(n-1)$ 番目の文字がAで，かつ n 番目の文字がBとなる確率を $q_n\ (n\geqq 2)$ とする。

左から $(n+1)$ 番目の文字がAでかつ $(n+2)$ 番目の文字がBとなる場合について，(1)と同様に，1回目のさいころの出た目で場合分けする。

(i) 1回目のさいころの目が1，2，3のとき

1	2	3	4	……	n	$n+1$	$n+2$
A	A	□	□		□	A	B

n 文字のうち最後がA, B

1，2番目はともにAであり，残りの $3\sim(n+2)$ 番目については，n 文字のうち $(n-1)$ 番目がAで n 番目がBであるから，その確率は q_n である。

(ii) 1回目のさいころの目が4，5，6のとき

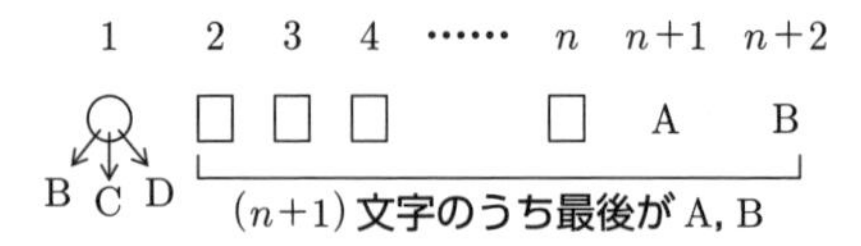

1番目はB，C，Dのいずれかであり，残りの2～$(n+2)$番目については$(n+1)$文字のうちn番目がAで$(n+1)$番目がBであるから，その確率はq_{n+1}である。

以上，(i)(ii)より，左から$(n+1)$番目の文字がAで，かつ$(n+2)$番目の文字がBとなる確率は

$$q_{n+2}=\frac{1}{2}q_n+\frac{1}{2}q_{n+1} \quad \cdots\cdots②$$

また，$n=2$，3 のとき

$$q_2=0,\ q_3=\frac{1}{2}\cdot\frac{1}{6}=\frac{1}{12}$$

②は①と同様に変形できるから

$$q_{n+1}-q_n=(q_3-q_2)\left(-\frac{1}{2}\right)^{n-2}$$
$$=\frac{1}{3}\left(-\frac{1}{2}\right)^n$$

$$q_{n+1}+\frac{1}{2}q_n=q_3+\frac{1}{2}q_2$$
$$=\frac{1}{12}$$

よって

$$q_n=\frac{2}{3}\left\{\frac{1}{12}-\frac{1}{3}\left(-\frac{1}{2}\right)^n\right\}$$
$$=\mathbf{\frac{1}{18}+\frac{1}{9}\left(-\frac{1}{2}\right)^{n-1}}$$

である。

別解

左から$(n-1)$番目の文字がAで，かつn番目の文字がBとなるのは，左から$(n-1)$番目の文字がA_2で，次に4の目が出る場合だから，求める確率は

$$q_n=b_{n-1}\times\frac{1}{6}=\frac{1}{18}\left\{1-\left(-\frac{1}{2}\right)^{n-2}\right\}$$
$$=\frac{1}{18}+\frac{1}{9}\left(-\frac{1}{2}\right)^{n-1}$$

である。

テーマ 6 白，黒のカードを裏返す確率

6 アプローチ

4 と同様にマルコフ過程の確率です。

今回は3枚の板が白か黒かで場合分けをすると，全部で8パターンありますから，これらの事象の関係を調べ漸化式を作れたとしても，解くのが大変です。

そのような場合は8つあるパターンをいくつかのグループに分類して事象の数を減らせないかを考えます。

まずは試行の回数が偶数か奇数かに注目することで，4パターンずつに分けられます。

さらに，偶数回後で考えると

「白白白」，「白黒黒」，「黒白黒」，「黒黒白」

の全部で4つのパターンがありますが，対称性により白が1枚の場合の3つあるパターンを1つの事象にまとめることができます。

このように設定する事象を（一般性を失うことなく）できる限り少なくすることが漸化式を作成する際のポイントになります。

解答

さいころを振るとき，次のように事象を設定する。

$$\begin{cases} A：1,\ 2\text{ の目が出る…左端の板を裏返す} \\ B：3,\ 4\text{ の目が出る…真ん中の板を裏返す} \\ C：5,\ 6\text{ の目が出る…右端の板を裏返す} \end{cases}$$

1回の操作において，A, B, C が起こる確率はすべて $\frac{1}{3}$ である。

(1) 「白白白」から始めて，3回後に「黒白白」となるのは，3回のうち A, B, C の起こる回数が

$$(A,\ B,\ C)=(3,\ 0,\ 0),\ (1,\ 2,\ 0),\ (1,\ 0,\ 2)$$

のいずれかになる場合だから，求める確率は

$$\left(\frac{1}{3}\right)^3+{}_3\mathrm{C}_1\left(\frac{1}{3}\right)\left(\frac{1}{3}\right)^2+{}_3\mathrm{C}_1\left(\frac{1}{3}\right)\left(\frac{1}{3}\right)^2=\boldsymbol{\frac{7}{27}}$$

である。

(2)(i) n が偶数のとき

$n=2m$ （$m=0,\ 1,\ 2,\ \cdots\cdots$）とする。

色の並び方は

「白白白」，「白黒黒」，「黒白黒」，「黒黒白」

の4つのタイプのいずれかになる。

ここで,「白白白」のタイプをD, 残りの白が1枚, 黒が2枚のタイプをEとし, 操作を2回続けて行うとき, 2つのタイプD, Eの推移する確率を求める。

D→Dとなるのは同じ白を2回裏返す場合であり,
E→Dとなるのは2枚の黒を裏返して白にする場合であるから, 2つのタイプD, Eの確率遷移図は次のようになる。

D: $\frac{1}{3}$ (自己ループ), E: $\frac{7}{9}$ (自己ループ), D→E: $\frac{2}{3}$, E→D: $\frac{2}{9}$

n 回後に「白白白」となる確率を p_n とおくと, $2m$ 回後と $2(m+1)$ 回後に着目して

$$p_{2(m+1)}=p_{2m}\times\frac{1}{3}+(1-p_{2m})\times\frac{2}{9}$$
$$=\frac{1}{9}p_{2m}+\frac{2}{9}$$

$2m$ → $2m+2$
D : p_{2m} —$\frac{1}{3}$→ $p_{2(m+1)}$
E : $1-p_{2m}$ —$\frac{2}{9}$→ $p_{2(m+1)}$

「白白白」から始めるので, $p_0=1$ であるから

$$p_{2(m+1)}-\frac{1}{4}=\frac{1}{9}\left(p_{2m}-\frac{1}{4}\right)$$

$$p_{2m}-\frac{1}{4}=\left(p_0-\frac{1}{4}\right)\left(\frac{1}{9}\right)^m$$
$$=\frac{3}{4}\left(\frac{1}{9}\right)^m$$

$$p_{2m}=\frac{1}{4}+\frac{3}{4}\left(\frac{1}{9}\right)^m$$

$n=2m$ であるから

$$p_n=\frac{1}{4}+\frac{3}{4}\left(\frac{1}{3}\right)^n$$

である。

(ii) n が奇数のとき

$n=2m-1$ ($m=1$, 2, ……) とする。

色の並び方は

「黒黒黒」,「黒白白」,「白黒白」,「白白黒」

の4つのタイプのいずれかになる。

ここで,「黒黒黒」のタイプをF, 残りの白が2枚, 黒が1枚のタイプをGとする。

操作を2回続けて行うとき, 2つのタイプF, Gの推移す

る確率について，(i)と同様に考えると，確率遷移図は次のようになる。

$$\text{F} \underset{\frac{2}{9}}{\overset{\frac{2}{3}}{\rightleftarrows}} \text{G}$$

（F から F：$\frac{1}{3}$，G から G：$\frac{7}{9}$）

n 回後に「黒黒黒」となる確率を q_n とおくと，

$(2m-1)$ 回後と $(2m+1)$ 回後に着目して

$$q_{2m+1}=q_{2m-1}\times\frac{1}{3}+(1-q_{2m-1})\times\frac{2}{9}$$

$$=\frac{1}{9}q_{2m-1}+\frac{2}{9}$$

$$\begin{array}{llcl} & 2m-1 & & 2m+1 \\ \text{F} : & q_{2m-1} & \xrightarrow{\frac{1}{3}} & q_{2m+1} \\ \text{G} : & 1-q_{2m-1} & \xrightarrow{\frac{2}{9}} & \end{array}$$

「白白白」から始めるので，$q_1=0$ であるから

$$q_{2m+1}-\frac{1}{4}=\frac{1}{9}\left(q_{2m-1}-\frac{1}{4}\right)$$

$$q_{2m-1}-\frac{1}{4}=\left(q_1-\frac{1}{4}\right)\left(\frac{1}{9}\right)^{m-1}$$

$$=-\frac{1}{4}\left(\frac{1}{9}\right)^{m-1}$$

$$q_{2m-1}=\frac{1}{4}-\frac{1}{4}\left(\frac{1}{9}\right)^{m-1}$$

$n=2m-1$ であるから

$$q_n=\frac{1}{4}-\frac{1}{4}\left(\frac{1}{9}\right)^{\frac{n-1}{2}}$$

このとき，対称性より，「黒白白」，「白黒白」，「白白黒」となる確率はすべて等しいから，n 回後に「白黒白」となる確率は

$$\frac{1}{3}(1-q_n)=\frac{1}{4}+\frac{1}{12}\left(\frac{1}{9}\right)^{\frac{n-1}{2}}$$

$$=\frac{1}{4}+\frac{1}{4}\left(\frac{1}{3}\right)^{n}$$

である。

以上，(i)(ii)より，求める確率は

$$\begin{cases} \boldsymbol{n}\textbf{が偶数のとき} & \boldsymbol{\frac{3}{4}\left(\frac{1}{3}\right)^{n}+\frac{1}{4}} \\ \boldsymbol{n}\textbf{が奇数のとき} & \boldsymbol{\frac{1}{4}\left(\frac{1}{3}\right)^{n}+\frac{1}{4}} \end{cases}$$

である。

別解

両端の板の色で場合分けする。

3枚の板の並べ方を以下の3つのタイプに分ける。

X：「白□白」となる
Y：「白□黒」または「黒□白」となる
Z：「黒□黒」となる

(□は白，黒のどちらでもよい)

1回の操作により，X，Y，Zの推移する確率について，確率遷移図は次のようになる。

$$\overset{\frac{1}{3}}{\circlearrowright}\,X \underset{\frac{1}{3}}{\overset{\frac{2}{3}}{\rightleftarrows}} \overset{\frac{1}{3}}{\circlearrowright}\,Y \underset{\frac{2}{3}}{\overset{\frac{1}{3}}{\rightleftarrows}} \overset{\frac{1}{3}}{\circlearrowright}\,Z$$

n回後にX，Y，Zとなる確率をそれぞれx_n，y_n，z_nとおくと，n回後と$(n+1)$回後に着目して

$$\begin{cases} x_{n+1}=\dfrac{1}{3}x_n+\dfrac{1}{3}y_n & \cdots\cdots① \\ y_{n+1}=\dfrac{2}{3}x_n+\dfrac{1}{3}y_n+\dfrac{2}{3}z_n & \cdots\cdots② \\ z_{n+1}=\dfrac{1}{3}y_n+\dfrac{1}{3}z_n & \cdots\cdots③ \end{cases}$$

「白白白」から始めるので

$x_0=1$，$y_0=z_0=0$

また，全確率$=1$ であるから

$x_n+y_n+z_n=1$ ……④

②，④より

$$y_{n+1}=\frac{1}{3}y_n+\frac{2}{3}(x_n+z_n)$$

$$=\frac{1}{3}y_n+\frac{2}{3}(1-y_n)$$

$$=-\frac{1}{3}y_n+\frac{2}{3}$$

$$y_{n+1}-\frac{1}{2}=-\frac{1}{3}\left(y_n-\frac{1}{2}\right)$$

$$y_n-\frac{1}{2}=\left(y_0-\frac{1}{2}\right)\left(-\frac{1}{3}\right)^n$$

$$=-\frac{1}{2}\left(-\frac{1}{3}\right)^n$$

$$y_n=\frac{1}{2}-\frac{1}{2}\left(-\frac{1}{3}\right)^n \quad \cdots\cdots⑤$$

①−③ より

$$x_{n+1}-z_{n+1}=\frac{1}{3}(x_n-z_n)$$

$$x_n-z_n=(x_0-z_0)\left(\frac{1}{3}\right)^n$$

$$=\left(\frac{1}{3}\right)^n \quad \cdots\cdots⑥$$

④，⑤より

$$x_n+z_n=1-y_n$$

$$=\frac{1}{2}+\frac{1}{2}\left(-\frac{1}{3}\right)^n \quad \cdots\cdots⑦$$

求める確率は x_n であるから，(⑥+⑦)÷2 より

$$x_n=\frac{1}{4}+\frac{1}{2}\left(\frac{1}{3}\right)^n+\frac{1}{4}\left(-\frac{1}{3}\right)^n$$

である。

テーマ 7　隣接３項間，４項間漸化式

7 アプローチ

(1)の隣接 3 項間漸化式の解法については，有名な解法がありますので当然解き方を覚えておかなければいけません。しかし，(2)の隣接 4 項間漸化式については，解いたことがある人はほとんどいないと思います。

すなわち，(1)は知識を問う問題，(2)は知識を応用する力を測る問題と言えるでしょう。

まず，隣接 3 項間漸化式の解法を確認しておきます。

$$a_{n+2}-pa_{n+1}+qa_n=0 \quad (p,\ q \text{ は定数})$$

↓ $p=\alpha+\beta$, $q=\alpha\beta$ と変換

$$a_{n+2}-(\alpha+\beta)a_{n+1}+\alpha\beta a_n=0$$

↓ 式変形

$$\begin{cases} a_{n+2}-\alpha a_{n+1}=\beta(a_{n+1}-\alpha a_n) \\ a_{n+2}-\beta a_{n+1}=\alpha(a_{n+1}-\beta a_n) \end{cases}$$

隣接 3 項間漸化式が解ける理由はどこにあるのでしょうか。

それは隣接する 2 項をグループ化することにより 2 項間の漸化式にし，それが等比数列になるように変形できることにあります。

その考え方を隣接 4 項間漸化式に適用すると

①　隣接する 2 項をグループ化して，隣接 3 項間漸化式にする。

または

②　隣接する 3 項をグループ化して，隣接 2 項間漸化式にする。

という方法が考えられます。

その際に，(1)の隣接 3 項間漸化式が利用できるような仕掛けを見抜ければ無駄なく計算することができます。

解答

(1)
$$\begin{cases} a_1=\dfrac{1}{2},\ a_2=\dfrac{7}{4} \\ a_n=\dfrac{5}{2}a_{n-1}-a_{n-2} \quad \cdots\cdots ① \\ (n=3,\ 4,\ 5,\ \cdots\cdots) \end{cases}$$

①を変形して

$$a_n-\alpha a_{n-1}=\beta(a_{n-1}-\alpha a_{n-2})$$

$$\iff a_n=(\alpha+\beta)a_{n-1}-\alpha\beta a_{n-2}$$

を満たす α，β を求めると

$$\alpha+\beta=\frac{5}{2},\ \alpha\beta=1$$

α，β は２次方程式

$$x^2-\frac{5}{2}x+1=0$$

の２解であるから

$$(x-2)(2x-1)=0$$

$$x=2,\ \frac{1}{2}$$

これより，①を次の２通りに変形できる。

$$\begin{cases} a_n-2a_{n-1}=\dfrac{1}{2}(a_{n-1}-2a_{n-2}) \\ a_n-\dfrac{1}{2}a_{n-1}=2\left(a_{n-1}-\dfrac{1}{2}a_{n-2}\right) \end{cases}$$

ここで，$\{a_n-2a_{n-1}\}$ は公比 $\frac{1}{2}$，$\left\{a_n-\frac{1}{2}a_{n-1}\right\}$ は公比２の等比数列であるから

$$a_{n+1}-2a_n=(a_2-2a_1)\left(\frac{1}{2}\right)^{n-1}$$

$$=\frac{3}{4}\left(\frac{1}{2}\right)^{n-1}\quad\cdots\cdots②$$

$$a_{n+1}-\frac{1}{2}a_n=\left(a_2-\frac{1}{2}a_1\right)\cdot2^{n-1}$$

$$=\frac{3}{2}\cdot2^{n-1}\quad\cdots\cdots③$$

$(③-②)\times\frac{2}{3}$ より

$$\boldsymbol{a_n}=\frac{2}{3}\left\{\frac{3}{2}\cdot2^{n-1}-\frac{3}{4}\left(\frac{1}{2}\right)^{n-1}\right\}$$

$$=\boldsymbol{2^{n-1}-\left(\frac{1}{2}\right)^n}$$

である。

(2) $$\begin{cases} b_1=2,\ b_2=\dfrac{5}{2},\ b_3=\dfrac{17}{4} \\ b_n=\dfrac{7}{2}b_{n-1}-\dfrac{7}{2}b_{n-2}+b_{n-3}\quad\cdots\cdots① \\ (n=4,\ 5,\ 6,\ \cdots\cdots) \end{cases}$$

①を変形して

$$b_n-b_{n-1}=\frac{5}{2}(b_{n-1}-b_{n-2})-(b_{n-2}-b_{n-3})$$

ここで

$$b_2-b_1=\frac{1}{2}=a_1,\quad b_3-b_2=\frac{7}{4}=a_2$$

であるから，$\{b_{n+1}-b_n\}$ と(1)の $\{a_n\}$ は一致する。

よって，(1)の結果より

$$\begin{aligned}b_{n+1}-b_n&=a_n\\&=2^{n-1}-\left(\frac{1}{2}\right)^n\quad(n=1,\ 2,\ 3,\ \cdots\cdots)\end{aligned}$$

$n\geqq2$ のとき

$$\begin{aligned}b_n&=b_1+\sum_{k=1}^{n-1}\left\{2^{k-1}-\left(\frac{1}{2}\right)^k\right\}\\&=2+\frac{2^{n-1}-1}{2-1}-\frac{1}{2}\cdot\frac{1-\left(\frac{1}{2}\right)^{n-1}}{1-\frac{1}{2}}\\&=2^{n-1}+\left(\frac{1}{2}\right)^{n-1}\end{aligned}$$

これは $n=1$ のときも成り立つ。

よって

$$\boldsymbol{b_n=2^{n-1}+\left(\frac{1}{2}\right)^{n-1}}$$

である。

別解

①を変形して

$$b_n-\frac{5}{2}b_{n-1}+b_{n-2}=b_{n-1}-\frac{5}{2}b_{n-2}+b_{n-3}$$

これより，$\left\{b_n-\frac{5}{2}b_{n-1}+b_{n-2}\right\}$ は定数列であるから

$$\begin{aligned}b_n-\frac{5}{2}b_{n-1}+b_{n-2}&=b_3-\frac{5}{2}b_2+b_1\\&=0\end{aligned}$$

これを $b_1=2$，$b_2=\frac{5}{2}$ のもとで解くと，(1)と同様の計算により

$$\begin{cases}b_{n+1}-2b_n=-\frac{3}{2}\cdot\left(\frac{1}{2}\right)^{n-1}\\[2mm] b_{n+1}-\frac{1}{2}b_n=\frac{3}{2}\cdot2^{n-1}\end{cases}$$

よって

$$b_n=2^{n-1}+\left(\frac{1}{2}\right)^{n-1}$$

である。

参考 隣接4項間漸化式の解法

$$a_{n+3}-pa_{n+2}+qa_{n+1}-ra_n=0 \quad \cdots\cdots①$$

(p, q, r は定数)

を満たす $\{a_n\}$ の一般項を考えてみましょう。

隣接3項間漸化式の変形と同様に

$$\begin{cases} \alpha+\beta+\gamma=p \\ \alpha\beta+\beta\gamma+\gamma\alpha=q \\ \alpha\beta\gamma=r \end{cases}$$

を満たす α, β, γ を用いて①を

$$a_{n+3}-(\alpha+\beta+\gamma)a_{n+2}+(\alpha\beta+\beta\gamma+\gamma\alpha)a_{n+1}-\alpha\beta\gamma a_n=0 \quad \cdots\cdots②$$

とします。

〈変形1〉

②を変形して

$$a_{n+3}-\alpha a_{n+2}-(\beta+\gamma)(a_{n+2}-\alpha a_{n+1})+\beta\gamma(a_{n+1}-\alpha a_n)=0$$

$a_{n+1}-\alpha a_n=b_n$ とおくと

$$b_{n+2}-(\beta+\gamma)b_{n+1}+\beta\gamma b_n=0$$

となり，$\{b_n\}$ の隣接3項間漸化式が得られます。

$\{b_n\}$ の一般項を求めてから，$\{a_n\}$ の隣接2項間漸化式

$$a_{n+1}-\alpha a_n=b_n$$

を解いて，$\{a_n\}$ の一般項が求められます。

〈変形2〉

②を変形して

$$a_{n+3}-(\alpha+\beta)a_{n+2}+\alpha\beta a_{n+1}=\gamma\{a_{n+2}-(\alpha+\beta)a_{n+1}+\alpha\beta a_n\}$$

$a_{n+2}-(\alpha+\beta)a_{n+1}+\alpha\beta a_n=c_n$ とおくと

$$c_{n+1}=\gamma c_n$$

となり，$\{c_n\}$ の一般項が求められます。

このとき，$\{a_n\}$ の隣接3項間漸化式

$$a_{n+2}-(\alpha+\beta)a_{n+1}+\alpha\beta a_n=c_n$$

を解いて，$\{a_n\}$ の一般項が求められます。

テーマ 8 漸化式と剰余

8 アプローチ

$\{a_n\}$ の隣接3項間漸化式があるので一般項 a_n を求めることができますが，虚数を含んだかなり面倒な形になってしまいます。

この問題では a_n が偶数および a_n が10の倍数となるための n の条件を求めるのですから，一般項を求めておくことは有効な手段とは言えません。そこで漸化式を利用します。

a_n の偶，奇を調べる方法として

（方法1） 具体的に数列の値を計算して，a_n の偶，奇を予想し，それを証明する。

（方法2） $\{a_n\}$ の漸化式を変形し，a_n を2で割った余りについての漸化式を作って，余りの周期性を証明する。

があります。

余りに関する漸化式を考える場合，合同式の記号を用いると表記上シンプルな形で表せるのでオススメです。

また，「10の倍数」であることは，「2の倍数」かつ「5の倍数」であることと同値ですから，a_n を2で割った余りと5で割った余りに着目します。

解答

$$\begin{cases} a_1=1,\ a_2=3 & \cdots\cdots ① \\ a_{n+2}=3a_{n+1}-7a_n & \cdots\cdots ② \end{cases}$$

(1) a_n を2で割った余りを r_n とする。

mod2の合同式を用いると，②より

$$\begin{aligned} r_{n+2} &\equiv a_{n+2} && (\bmod 2) \\ &\equiv 3a_{n+1}-7a_n && (\bmod 2) \\ &\equiv 3r_{n+1}-7r_n && (\bmod 2) \quad \cdots\cdots ③ \end{aligned}$$

また，①より

$$r_1=1,\ r_2=1 \quad \cdots\cdots ④$$

であるから，③，④より，$\{r_n\}$ は次のようになる。

$$\{r_n\}: 1,\ 1,\ 0,\ 1,\ 1,\ 0,\ 1,\ 1,\ \cdots\cdots$$

ここで

$$(r_4,\ r_5)=(r_1,\ r_2) \quad \cdots\cdots ⑤$$

であるから，③，⑤より

$\{r_n\}$ は1，1，0の3つの数字が繰り返し現れる周期3の数列

である。

したがって

$$a_n \text{が偶数} \iff r_n=0$$
$$\iff n \text{が} 3 \text{の倍数}$$

である。

別解

②より

$$a_{n+3}=3a_{n+2}-7a_{n+1}$$
$$=3(3a_{n+1}-7a_n)-7a_{n+1}$$
$$=2a_{n+1}-21a_n$$
$$=2(a_{n+1}-11a_n)+a_n$$

すなわち

$$a_{n+3}-a_n=2(a_{n+1}-11a_n)$$
$$=\text{偶数}$$

であるから，a_{n+3} と a_n の偶，奇は一致する。

$$[a_{n+3}\equiv a_n \pmod 2]$$

さらに，$a_1=1$，$a_2=3$，$a_3=2$ であるから，$\{a_n\}$ は奇，奇，偶が繰り返し現れる数列になる。

したがって

$$a_n \text{が偶数} \iff n \text{が} 3 \text{の倍数}$$

である。

(2) a_n を 5 で割った余りを s_n とする。

mod5 の合同式を用いると，②より

$$s_{n+2}\equiv a_{n+2} \pmod 5$$
$$\equiv 3a_{n+1}-7a_n \pmod 5$$
$$\equiv 3s_{n+1}-7s_n \pmod 5 \quad \cdots\cdots⑥$$

また，①より

$$s_1=1,\ s_2=3 \quad \cdots\cdots⑦$$

であるから，⑥，⑦より，$\{s_n\}$ は次のようになる。

$$\{s_n\}: 1,\ 3,\ 2,\ 0,\ 1,\ 3,\ 2,\ 0,\ \cdots\cdots$$

ここで

$$(s_5,\ s_6)=(s_1,\ s_2) \quad \cdots\cdots⑧$$

であるから，⑥，⑧より

$\{s_n\}$ は 1，3，2，0 の 4 つの数字が繰り返し現れる周期 4 の数列

である。

したがって

$$a_n \text{が 5 の倍数} \iff s_n=0$$
$$\iff n \text{が 4 の倍数}$$

であり，(1)の結果と合わせると

$$a_n \text{が 10 の倍数} \iff \begin{cases} a_n \text{が 2 の倍数} \\ \text{かつ} \\ a_n \text{が 5 の倍数} \end{cases}$$
$$\iff \begin{cases} n \text{が 3 の倍数} \\ \text{かつ} \\ n \text{が 4 の倍数} \end{cases}$$
$$\iff \boldsymbol{n \text{が 12 の倍数}}$$

である。

別解

②より

$$a_{n+4}=3a_{n+3}-7a_{n+2}$$
$$=3(2a_{n+1}-21a_n)-7(3a_{n+1}-7a_n)$$
$$=-15a_{n+1}-14a_n$$
$$=-15(a_{n+1}+a_n)+a_n$$

すなわち

$$a_{n+4}-a_n=-15(a_{n+1}+a_n)$$
$$=5 \text{の倍数}$$

であるから

a_{n+4} と a_n を 5 で割った余りは等しい。

$[a_{n+4} \equiv a_n \pmod{5}]$

以下，解答と同様。

テーマ 9 $(a\pm\sqrt{b})^n$ に関する証明

9 アプローチ

この問題の最大のポイントは $(a\pm\sqrt{b})^n$ の**共役性**です。

すなわち

$$(1+\sqrt{2})^n=A+\sqrt{2}B \quad \Longleftrightarrow \quad (1-\sqrt{2})^n=A-\sqrt{2}B \quad \left(A,\ B\text{は自然数}\right)$$

という事実が成り立ちます。

これを証明する手段として

① **$\{a_n\}$，$\{b_n\}$ の連立漸化式を利用する。**

② **二項定理で展開し偶数項と奇数項に分ける。**

という 2 つの方法があります。

また，$a_n{}^2-2b_n{}^2$ を求める方法についても

(方法 1) 共役な 2 式の辺々を掛け合わせる。

(方法 2) $a_n{}^2-2b_n{}^2=c_n$ とおき，$\{a_n\}$，$\{b_n\}$ の漸化式を $\{c_n\}$ の漸化式に変形して一般項を求める。

という 2 つの方法があります。

解答

(1) $$(\sqrt{2}+1)^n=a_n+b_n\sqrt{2} \quad \cdots\cdots①$$

$(n=1,\ 2,\ 3,\ \cdots\cdots)$

により，自然数 a_n，b_n を定義するとき

$$\begin{aligned}a_{n+1}+b_{n+1}\sqrt{2}&=(\sqrt{2}+1)^{n+1}\\&=(\sqrt{2}+1)(a_n+b_n\sqrt{2})\\&=(a_n+2b_n)+(a_n+b_n)\sqrt{2}\end{aligned}$$

ここで，a_n，b_n，a_{n+1}，b_{n+1} は自然数であるから

$$\begin{cases}a_{n+1}=a_n+2b_n\\ b_{n+1}=a_n+b_n\end{cases} \quad \cdots\cdots(*)$$

また，定義より

$$\sqrt{2}+1=a_1+b_1\sqrt{2}$$

より

$$a_1=b_1=1$$

このとき

$$\begin{aligned}a_{n+1}-b_{n+1}\sqrt{2}&=(a_n+2b_n)-(a_n+b_n)\sqrt{2}\\&=(1-\sqrt{2})(a_n-b_n\sqrt{2})\end{aligned}$$

であり，$\{a_n-b_n\sqrt{2}\}$ は公比 $1-\sqrt{2}$ の等比数列であるから

$$a_n-b_n\sqrt{2}=(a_1-b_1\sqrt{2})\cdot(1-\sqrt{2})^{n-1}$$
$$=(1-\sqrt{2})^n \quad \cdots\cdots②$$

これより

$$(\sqrt{\mathbf{2}}-\mathbf{1})^n=\{-(1-\sqrt{2})\}^n$$
$$=(-\mathbf{1})^n(\boldsymbol{a}_n-\boldsymbol{b}_n\sqrt{\mathbf{2}})$$

である。

①，②の辺々掛け合わせると

$$(a_n+b_n\sqrt{2})(a_n-b_n\sqrt{2})=(1+\sqrt{2})^n(1-\sqrt{2})^n$$
$$\boldsymbol{a}_n^{\ 2}-\mathbf{2}\boldsymbol{b}_n^{\ 2}=\{(1+\sqrt{2})(1-\sqrt{2})\}^n=(-\mathbf{1})^n \quad \cdots\cdots③$$

である。

補足 $\{a_n^{\ 2}-2b_n^{\ 2}\}$ の漸化式を作って解く

$c_n=a_n^{\ 2}-2b_n^{\ 2}$ とおくと，(∗) より

$$c_{n+1}=a_{n+1}^{\ \ 2}-2b_{n+1}^{\ \ 2}$$
$$=(a_n+2b_n)^2-2(a_n+b_n)^2$$
$$=-a_n^{\ 2}+2b_n^{\ 2}$$
$$=-c_n$$

であり

$$c_1=a_1^{\ 2}-2b_1^{\ 2}=-1$$

なので

$$c_n=c_1\cdot(-1)^{n-1}=(-1)^n$$

すなわち

$$a_n^{\ 2}-2b_n^{\ 2}=(-1)^n$$

が得られます。

別解

二項定理を用いると

$$\begin{cases}(1+\sqrt{2})^n=\displaystyle\sum_{k=0}^{n}{}_n\mathrm{C}_k(\sqrt{2})^k \\ (1-\sqrt{2})^n=\displaystyle\sum_{k=0}^{n}{}_n\mathrm{C}_k(-\sqrt{2})^k\end{cases}$$

となり，右辺の展開式において，k が偶数の場合と奇数の場合に分けて，それぞれについて和をとると

$$\begin{cases}(1+\sqrt{2})^n=A+B\sqrt{2} \\ (1-\sqrt{2})^n=A-B\sqrt{2}\end{cases}$$

を満たす自然数 A，B が定まる。したがって

$$(\sqrt{2}+1)^n = a_n + b_n\sqrt{2} \quad \cdots\cdots①$$

と表すとき

$$(1-\sqrt{2})^n = a_n - b_n\sqrt{2} \quad \cdots\cdots②$$

と表せる。

②より

$$(\sqrt{2}-1)^n = \{-(1-\sqrt{2})\}^n$$
$$= (-1)^n(a_n - b_n\sqrt{2})$$

であり，①，②の辺々掛け合わせると

$$a_n{}^2 - 2b_n{}^2 = (-1)^n \quad \cdots\cdots③$$

である。

(2) 「適当な自然数 k_n を用いて

$$(\sqrt{2}-1)^n = \sqrt{k_n} - \sqrt{k_n - 1}$$

と表せる」 ……(＊＊) ことを示す。

②より

$$(\sqrt{2}-1)^n = (-1)^n(a_n - b_n\sqrt{2})$$
$$= (-1)^n(\sqrt{a_n{}^2} - \sqrt{2b_n{}^2})$$

ここで，③より

$$2b_n{}^2 = a_n{}^2 - (-1)^n$$

であるから

$$(\sqrt{2}-1)^n = (-1)^n\{\sqrt{a_n{}^2} - \sqrt{a_n{}^2 - (-1)^n}\}$$

と変形できる。

(i) n が偶数のとき

$$(\sqrt{2}-1)^n = \sqrt{a_n{}^2} - \sqrt{a_n{}^2 - 1}$$

であるから，$k_n = a_n{}^2$ とおくと，(＊＊) は成り立つ。

(ii) n が奇数のとき

$$(\sqrt{2}-1)^n = -(\sqrt{a_n{}^2} - \sqrt{a_n{}^2 + 1})$$
$$= \sqrt{a_n{}^2 + 1} - \sqrt{a_n{}^2}$$

であるから，$k_n = a_n{}^2 + 1$ とおくと，(＊＊) は成り立つ。

以上，(i)(ii)より，すべての自然数 n について (＊＊) は成り立つ。

テーマ 10 チェビシェフの多項式

10 アプローチ

三角関数の n 倍角に関する問題です。

一般に，$\cos n\theta$ は $\cos\theta$ の n 次の多項式で表せ，その多項式をチェビシェフの多項式といいます。

(1)では x の多項式 $p_n(x)$，$q_n(x)$ を具体的に求める必要はなく，存在証明です。

また，最初から一般化した n 倍角を考えるよりも n を具体化して調べていくのが有効ですが，その際に一般化するための道筋を見つけなければなりません。

その過程で，数学的帰納法で証明できることに気がつきたいですね。

まさに**『百聞は実験にしかず，発見を逃さず』**の精神です。

$n=2$ の場合

$$\begin{aligned}\sin 2\theta &= 2\sin\theta\cos\theta \\ &= 2\tan\theta\cdot\cos^2\theta \quad (\sin\theta=\tan\theta\cdot\cos\theta) \\ &= p_2(\tan\theta)\cdot\cos^2\theta \quad (p_2(x)=2x)\end{aligned}$$

$$\begin{aligned}\cos 2\theta &= \cos^2\theta-\sin^2\theta \\ &= (1-\tan^2\theta)\cos^2\theta \quad (\sin\theta=\tan\theta\cdot\cos\theta) \\ &= q_2(\tan\theta)\cdot\cos^2\theta \quad (q_2(x)=1-x^2)\end{aligned}$$

$n=3$ の場合

$$\begin{aligned}\sin 3\theta &= \sin(2\theta+\theta) \\ &= \sin 2\theta\cos\theta+\cos 2\theta\sin\theta \\ &= p_2(\tan\theta)\cos^3\theta+q_2(\tan\theta)\cdot\tan\theta\cdot\cos^3\theta \\ &= p_3(\tan\theta)\cos^3\theta \quad (p_3(x)=p_2(x)+xq_2(x))\end{aligned}$$

$$\begin{aligned}\cos 3\theta &= \cos(2\theta+\theta) \\ &= \cos 2\theta\cos\theta-\sin 2\theta\sin\theta \\ &= q_2(\tan\theta)\cos^3\theta-p_2(\tan\theta)\cdot\tan\theta\cdot\cos^3\theta \\ &= q_3(\tan\theta)\cos^3\theta \quad (q_3(x)=q_2(x)-xp_2(x))\end{aligned}$$

もう一つ，n 倍角の計算法としてド・モアブルの定理があります。

この方法を用いると，今回の $p_n(x)$，$q_n(x)$ が二項定理で展開して得られる多項式であることがわかります。

さらには，$p_n(x)$，$q_n(x)$ の 2 つの多項式の間に成り立つ(2)の関係式も係数を複素数に拡張した微分計算により直接証明することができます。

解答

(1) 自然数 n に対して，ある多項式 $p_n(x)$，$q_n(x)$ が存在して

$$\begin{cases} \sin n\theta = p_n(\tan\theta)\cdot\cos^n\theta \\ \cos n\theta = q_n(\tan\theta)\cdot\cos^n\theta \end{cases} \quad \cdots\cdots(*)_1$$

と表せることを数学的帰納法で示す。

(I) $n=1$ のとき

$$\begin{cases} \sin\theta = \tan\theta\cdot\cos\theta \\ \cos\theta = 1\cdot\cos\theta \end{cases}$$

より，$p_1(x)=x$，$q_1(x)=1$ が存在する。

(II) ある自然数 n について $(*)_1$ を仮定すると

$$\begin{aligned} \sin(n+1)\theta &= \sin n\theta\cdot\cos\theta + \cos n\theta\cdot\sin\theta \\ &= p_n(\tan\theta)\cdot\cos^{n+1}\theta + q_n(\tan\theta)\cdot\cos^n\theta\cdot\sin\theta \\ &= \{p_n(\tan\theta) + \tan\theta\cdot q_n(\tan\theta)\}\cos^{n+1}\theta \end{aligned}$$

$$\begin{aligned} \cos(n+1)\theta &= \cos n\theta\cdot\cos\theta - \sin n\theta\cdot\sin\theta \\ &= q_n(\tan\theta)\cdot\cos^{n+1}\theta - p_n(\tan\theta)\cdot\cos^n\theta\cdot\sin\theta \\ &= \{q_n(\tan\theta) - \tan\theta\cdot p_n(\tan\theta)\}\cos^{n+1}\theta \end{aligned}$$

であるから

$$\begin{cases} p_{n+1}(x) = p_n(x) + xq_n(x) \\ q_{n+1}(x) = q_n(x) - xp_n(x) \end{cases}$$ が存在する。

(I)(II)より，すべての自然数 n に対して $(*)_1$ は成立する。

(2) $p_n(x)$，$q_n(x)$ を p_n，q_n と表記する。

(1)より

$$\begin{cases} p_{n+1} = p_n + x\cdot q_n \\ q_{n+1} = q_n - x\cdot p_n \end{cases} \quad \cdots\cdots① \qquad \begin{cases} p_1 = x \\ q_1 = 1 \end{cases} \quad \cdots\cdots②$$

このとき，自然数 $n\ (\geqq 2)$ に対して

$$\begin{cases} p_n' = nq_{n-1} \\ q_n' = -np_{n-1} \end{cases} \quad \cdots\cdots(*)_2$$

が成り立つことを数学的帰納法で示す。

(I) $n=2$ のとき，①，②より

$$\begin{cases} p_2 = p_1 + xq_1 = 2x \\ q_2 = q_1 - xp_1 = 1 - x^2 \end{cases} \qquad \begin{cases} p_2' = 2 = 2q_1 \\ q_2' = -2x = -2p_1 \end{cases}$$

より，$(*)_2$ は成り立つ。

(II) ある自然数 n について $(*)_2$ を仮定すると，①より

$$\begin{aligned} p_{n+1}' &= p_n' + q_n + xq_n' \\ &= nq_{n-1} + q_n + x\cdot(-np_{n-1}) \end{aligned}$$

$$=n(q_{n-1}-xp_{n-1})+q_n$$
$$=nq_n+q_n=(n+1)q_n$$
$$q_{n+1}'=q_n'-p_n-xp_n'$$
$$=-np_{n-1}-p_n-x\cdot nq_{n-1}$$
$$=-n(p_{n-1}+xq_{n-1})-p_n$$
$$=-np_n-p_n=-(n+1)p_n$$

(I)(II)より，2以上のすべての自然数 n に対して $(*)_2$ は成立する。

参考

ド・モアブルの定理を用いて

$$\cos n\theta+i\sin n\theta$$
$$=(\cos\theta+i\sin\theta)^n$$
$$=\cos^n\theta(1+i\tan\theta)^n$$

と変形できます。このとき，二項定理を用いて

$$(1+ix)^n=\sum_{k=0}^{n}{}_n\mathrm{C}_k(ix)^k$$
$$={}_n\mathrm{C}_0+{}_n\mathrm{C}_1(ix)+{}_n\mathrm{C}_2(ix)^2+\cdots\cdots+{}_n\mathrm{C}_n(ix)^n$$
$$=({}_n\mathrm{C}_0-{}_n\mathrm{C}_2x^2+{}_n\mathrm{C}_4x^4-\cdots\cdots)+i({}_n\mathrm{C}_1x-{}_n\mathrm{C}_3x^3+{}_n\mathrm{C}_5x^5-\cdots\cdots)$$
$$=q_n(x)+ip_n(x)$$

とすると

$$\begin{cases}\cos n\theta=q_n(\tan\theta)\cdot\cos^n\theta\\ \sin n\theta=p_n(\tan\theta)\cdot\cos^n\theta\end{cases}$$

と表せます。

さらに，複素数を係数とする x の関数についても，実数係数の場合と同様に微分が定義でき，同様の微分計算が成り立つので

$$q_n(x)+ip_n(x)=(1+ix)^n$$

について，両辺を x で微分すると

$$q_n'(x)+ip_n'(x)=n(1+ix)^{n-1}(1+ix)'$$
$$=in\{q_{n-1}(x)+ip_{n-1}(x)\}$$
$$=-np_{n-1}(x)+inq_{n-1}(x)$$

実部と虚部を比較して

$$\begin{cases}q_n'(x)=-np_{n-1}(x)\\ p_n'(x)=nq_{n-1}(x)\end{cases}$$

が成り立ちます。

テーマ 11 正三角形の頂点と面積の最大値

11 アプローチ

△ABC が正三角形となるための条件は

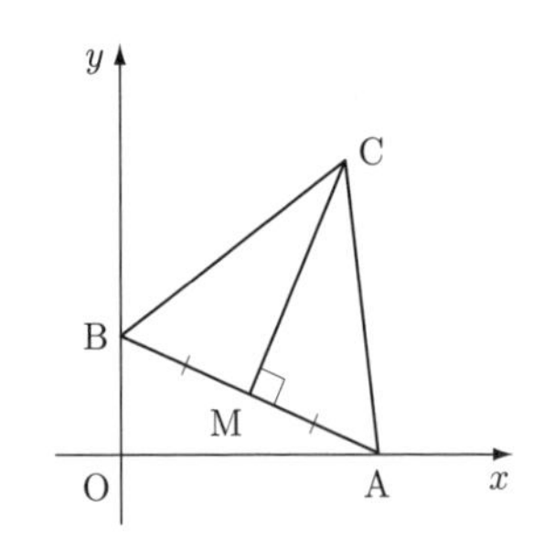

1 **AB=BC=CA**

2 **AB=AC かつ ∠BAC=60°**

3 **∠A=∠B=∠C=60°**

4 **AB の中点を M として**

$$\begin{cases} \mathbf{CM \perp AB} \\ \textbf{かつ} \\ \mathbf{CM = \dfrac{\sqrt{3}}{2}AB} \end{cases}$$

など，いろいろと考えられます。

今回の問題では，2 点 A，B の座標を用いて点Cの座標を表したいので，$\overrightarrow{\mathrm{BA}}$ を始点のまわりに 60° 回転して $\overrightarrow{\mathrm{BC}}$ になることに着目して，複素数平面での回転を利用することにします。

どの方法を選択するのかにより，計算量が変わってくるので，色々と比較検討してみましょう。

また，後半部分については，$(a,\ b)$ が(1)の範囲を動くときの $f(a,\ b)$ の最大値を求める問題ですから，$f(a,\ b)=k$ とおき，領域との共有点条件を考えるのが定石です。また

a^2+b^2 が 2 点 (0, 0) と $(a,\ b)$ の距離の 2 乗

であることに着目すると，$f(a,\ b)$ が最大になる $(a,\ b)$ が簡単にわかります。

解答

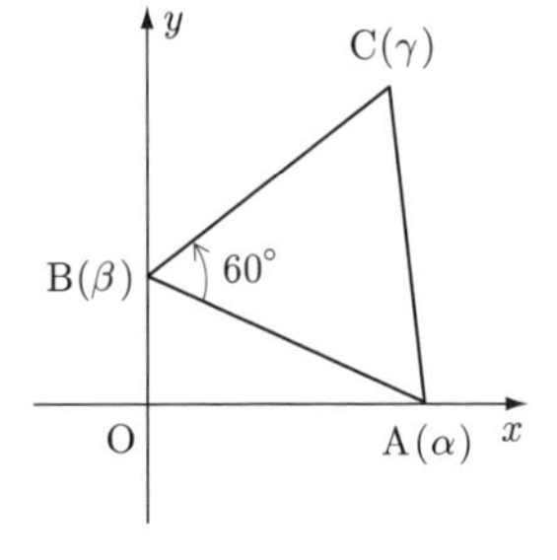

(1) 複素数平面で考える。

3 点 A，B，C を表す複素数をそれぞれ α，β，γ とする。

△ABC が点Cが第 1 象限にある正三角形であるとき，$\overrightarrow{\mathrm{BC}}$ は $\overrightarrow{\mathrm{BA}}$ を（始点のまわりに）60° 回転したものであるから

$$\gamma-\beta=(\cos 60°+i\sin 60°)(\alpha-\beta)$$

ここで，$\alpha=a$，$\beta=bi$，$\gamma=x+yi$ とすると

$$x+yi=bi+\frac{1}{2}(1+\sqrt{3}\,i)(a-bi)$$

$$=\frac{a+\sqrt{3}\,b}{2}+\frac{\sqrt{3}\,a+b}{2}i$$

であるから

$$(x,\ y)=\left(\frac{a+\sqrt{3}\,b}{2},\ \frac{\sqrt{3}\,a+b}{2}\right)$$

である。

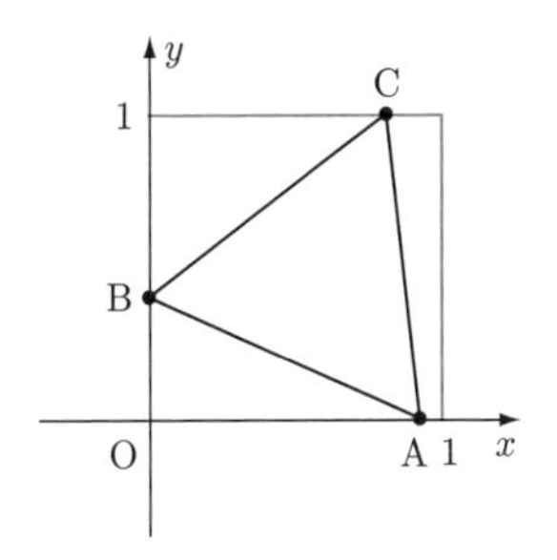

△ABC が正方形Dに含まれるための条件は 3 点 A, B, C がすべて正方形Dに含まれることと同値であるから

$$\begin{cases} 0\leqq a\leqq 1,\ 0\leqq b\leqq 1 \\ 0\leqq \dfrac{a+\sqrt{3}\,b}{2}\leqq 1,\ 0\leqq \dfrac{\sqrt{3}\,a+b}{2}\leqq 1 \end{cases}$$

また，$a>0$, $b>0$ だから

$$\begin{cases} 0< a\leqq 1,\ 0< b\leqq 1 \\ a+\sqrt{3}\,b\leqq 2,\ \sqrt{3}\,a+b\leqq 2 \end{cases}$$

したがって，条件を満たす$(a,\ b)$の範囲は図の斜線部分である。

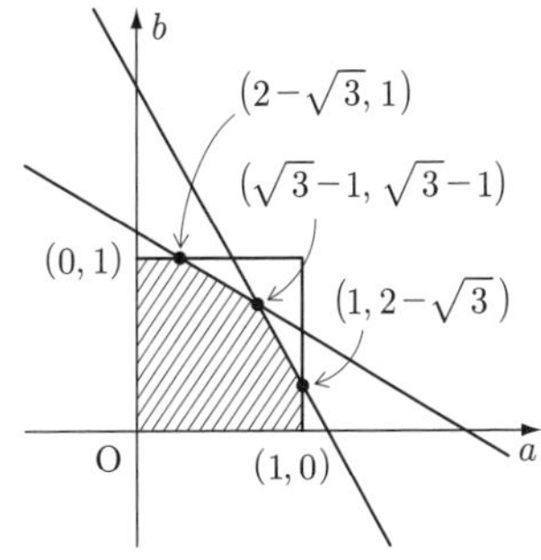

(境界線は a 軸，b 軸上を除き，他は含む。)

別解

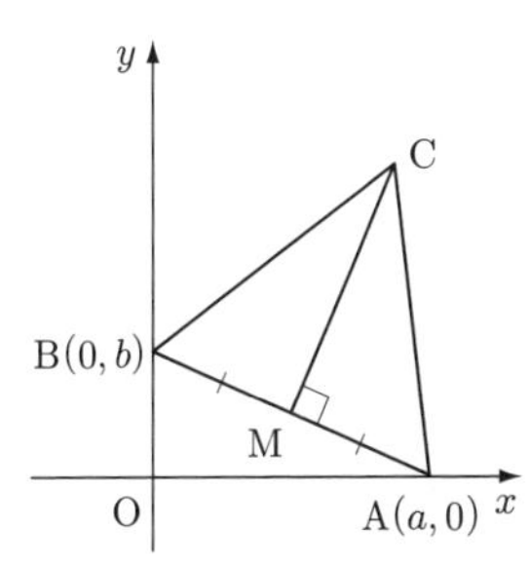

AB の中点を M とおくと

$$\mathrm{M}\left(\frac{a}{2},\ \frac{b}{2}\right)$$

ここで

$$\overrightarrow{\mathrm{BA}}=\overrightarrow{\mathrm{OA}}-\overrightarrow{\mathrm{OB}}$$
$$=(a,\ -b)$$

であり，$\overrightarrow{\mathrm{BA}}$ を 90° 回転したベクトルは

$$\vec{n}=(b,\ a)$$

である。

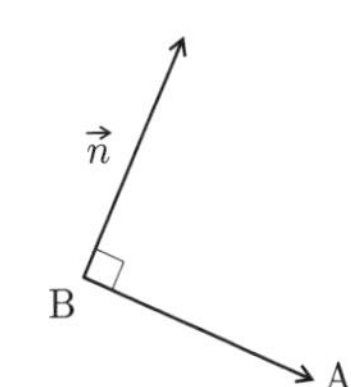

△ABC が正三角形であるとき

$$\overrightarrow{\mathrm{MC}}\mathbin{/\!/}\vec{n}\quad \text{かつ}\quad \mathrm{CM}=\frac{\sqrt{3}}{2}\mathrm{AB}=\frac{\sqrt{3}}{2}\sqrt{a^2+b^2}$$

であるから

$$\overrightarrow{\mathrm{MC}}=|\overrightarrow{\mathrm{MC}}|\cdot\frac{\vec{n}}{|\vec{n}|}$$

$$=\frac{\sqrt{3}}{2}\cdot\sqrt{a^2+b^2}\cdot\frac{1}{\sqrt{a^2+b^2}}\vec{n}$$

$$=\frac{\sqrt{3}}{2}(b,\ a)$$

$$\overrightarrow{\mathrm{OC}}=\overrightarrow{\mathrm{OM}}+\overrightarrow{\mathrm{MC}}$$

$$=\left(\frac{a}{2},\ \frac{b}{2}\right)+\frac{\sqrt{3}}{2}(b,\ a)$$

$$=\left(\frac{a+\sqrt{3}\,b}{2},\ \frac{\sqrt{3}\,a+b}{2}\right)$$

と表せる。

以下，解答と同様。

(2) △ABC の面積を S とおくと

$$S=\frac{1}{2}\mathrm{AB}^2\sin 60^\circ$$

$$=\frac{\sqrt{3}}{4}(a^2+b^2)$$

ここで，$f(a,\ b)=a^2+b^2$ とおくと，$f(a,\ b)$ は原点と点 $(a,\ b)$ の距離の 2 乗に等しい。

$$\begin{cases} f(1,\ 2-\sqrt{3})=f(2-\sqrt{3},\ 1)=8-4\sqrt{3} \\ f(\sqrt{3}-1,\ \sqrt{3}-1)=8-4\sqrt{3} \end{cases}$$

であるから

$$\boldsymbol{(a,\ b)=(1,\ 2-\sqrt{3}),\ (2-\sqrt{3},\ 1),\ (\sqrt{3}-1,\ \sqrt{3}-1)}$$

のとき，$f(a,\ b)$，および，S は最大となり，S の**最大値**は

$$\frac{\sqrt{3}}{4}(8-4\sqrt{3})=\boldsymbol{2\sqrt{3}-3}$$

である。

〈補足〉

△ABC が正三角形となる条件を 3 辺の長さで計算すると，以下のようになります。

△ABC が正三角形となるための条件は

$$\mathrm{AB}=\mathrm{BC}=\mathrm{CA}$$

なので，$\mathrm{C}(x,\ y)$ とおくと

$$\begin{cases} (x-a)^2+y^2=a^2+b^2 & \cdots\cdots① \\ x^2+(y-b)^2=a^2+b^2 & \cdots\cdots② \end{cases}$$

①−② より

$$-2ax+a^2+2by-b^2=0$$

$$y=\frac{2ax+b^2-a^2}{2b} \quad \cdots\cdots③$$

③を①に代入して

$$x^2-2ax+\left(\frac{2ax+b^2-a^2}{2b}\right)^2=b^2$$

$\times 4b^2$

$$4b^2x^2-8ab^2x+(2ax+b^2-a^2)^2=4b^4$$

$$4(a^2+b^2)x^2-4(ab^2+a^3)x+(b^2-a^2)^2-4b^4=0$$

ここで，定数項の部分について

$$\begin{aligned}(b^2-a^2)^2-4b^4&=(b^2-a^2)^2-(2b^2)^2\\&=(3b^2-a^2)(-a^2-b^2)\\&=-(3b^2-a^2)(a^2+b^2)\end{aligned}$$

と変形できるので

$$4(a^2+b^2)x^2-4a(a^2+b^2)x-(3b^2-a^2)(a^2+b^2)=0$$

$$4x^2-4ax-(\sqrt{3}\,b-a)(\sqrt{3}\,b+a)=0$$

$$\{2x+(\sqrt{3}\,b-a)\}\{2x-(\sqrt{3}\,b+a)\}=0$$

$$x=\frac{a\pm\sqrt{3}\,b}{2}$$

③より

$$\begin{aligned}y&=\frac{1}{2b}\left\{2a\cdot\left(\frac{a\pm\sqrt{3}\,b}{2}\right)+b^2-a^2\right\}\\&=\frac{\pm\sqrt{3}\,a+b}{2}\quad(\text{複号同順})\end{aligned}$$

したがって

$$(x,\ y)=\left(\frac{a+\sqrt{3}\,b}{2},\ \frac{\sqrt{3}\,a+b}{2}\right)$$

または

$$\left(\frac{a-\sqrt{3}\,b}{2},\ \frac{-\sqrt{3}\,a+b}{2}\right)$$

ここで，C$(x,\ y)$ は第１象限にあるから

$$(x,\ y)=\left(\frac{a+\sqrt{3}\,b}{2},\ \frac{\sqrt{3}\,a+b}{2}\right)$$

と求められます。

このように複素数平面やベクトルを利用した解法に比べると，３辺の長さによる計算では強靭な計算力を必要とすることがわかります。

テーマ 12 曲線の通過領域

12 アプローチ

曲線の通過領域に関する基本的な問題です。

曲線 $C : y=f(x,\ a) \iff g(x,\ y,\ a)=0$

の通過領域を求める方法として，以下の2つが代表的な方法です。

（方法1） パラメータの存在条件を考える。

曲線 $g(x,\ y,\ a)=0$ について，x と y を固定し，パラメータ a の方程式と考えると，曲線 C の通過領域は

方程式を満たすパラメータ a が存在する

ような $(x,\ y)$ の条件になります。

（方法2） パラメータ関数の範囲を考える。

曲線 $y=f(x,\ a)$ について，x を固定し，y をパラメータ a の関数と考えると，曲線 C の通過領域は

a を変数とする関数 y のとり得る値の範囲

になります。

解答

$$C : y=ax^2+\frac{1-4a^2}{4a} \quad (a>0)$$

曲線 C の方程式を a で整理すると

$4(x^2-1)a^2-4ya+1=0$ ……①

a が正の実数全体を動くとき，C の通過する領域は

「①を満たす正の実数 a が存在する」 ……(＊)

ような $(x,\ y)$ の条件に等しい。

①の左辺を $f(a)$ とおき，$z=f(a)$ のグラフと a 軸との共有点を考える。

(i) $x^2=1$ すなわち $|x|=1$ のとき

① $\iff 4ya=1$

これを満たす正の実数 a が存在するための条件は

$y>0$

である。

(ii) $x^2<1$ すなわち $|x|<1$ のとき

$z=f(a)$ は上に凸の放物線であり，$f(0)=1>0$ だから，

(＊)は成り立つ。

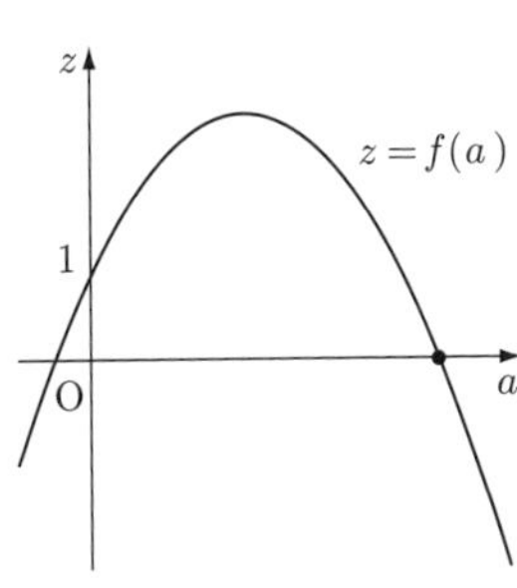

(iii) $x^2>1$ すなわち $|x|>1$ のとき

$z=f(a)$ は下に凸の放物線だから，①の判別式をDとすると

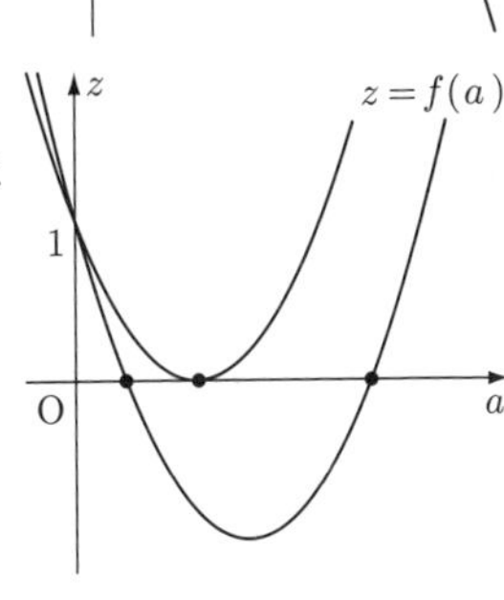

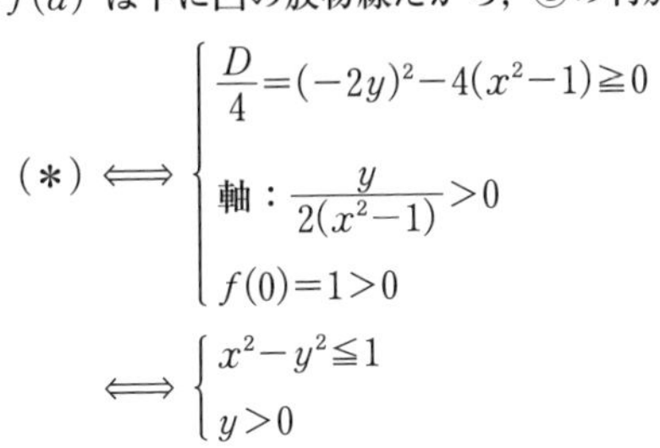

$$(*) \iff \begin{cases} \dfrac{D}{4}=(-2y)^2-4(x^2-1)\geqq 0 \\ \text{軸}：\dfrac{y}{2(x^2-1)}>0 \\ f(0)=1>0 \end{cases}$$

$$\iff \begin{cases} x^2-y^2\leqq 1 \\ y>0 \end{cases}$$

である。

以上，(i)(ii)(iii)より，曲線Cの通過領域は図の斜線部分である。

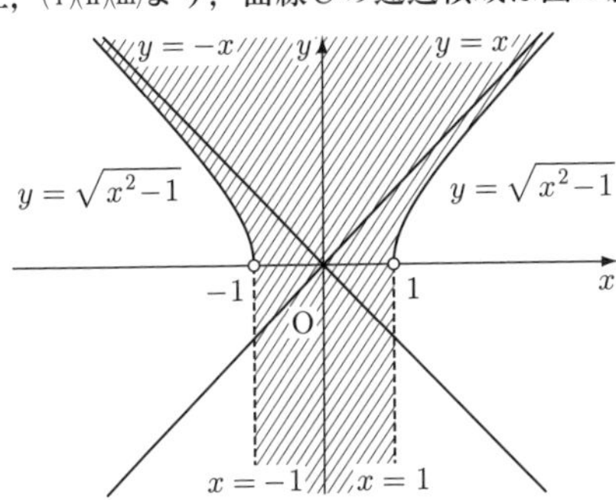

境界線は $y=\sqrt{x^2-1}$ $(y>0)$ 上のみ含む。

別解

$$C：y=ax^2+\frac{1-4a^2}{4a} \quad (a>0)$$

xを固定して，yをaの関数と考える。

$$g(a)=ax^2+\frac{1-4a^2}{4a}$$

$$=(x^2-1)a+\frac{1}{4a} \quad (a>0)$$

とおき，$y=g(a)$ のとり得る値の範囲を求める。

(i) $x^2=1$ すなわち $|x|=1$ のとき

$$g(a)=\frac{1}{4a} \quad (a>0)$$

であるから，y のとり得る値の範囲は

$$y=g(a)>0$$

である。

(ii) $x^2\neq1$ すなわち $|x|\neq1$ のとき

$$g'(a)=x^2-1-\frac{1}{4a^2}$$

$$=\frac{4(x^2-1)a^2-1}{4a^2}$$

(ア) $x^2<1$ すなわち $|x|<1$ のとき

$g'(a)<0$ より，$g(a)$ は単調減少する。

a	(0)	$\cdots$	(∞)
$g'(a)$		$-$	
$g(a)$	(∞)	↘	$(-\infty)$

これより，$y=g(a)$ はすべての実数値をとる。

(イ) $x^2>1$ すなわち $|x|>1$ のとき

a	(0)	$\cdots$	$\dfrac{1}{2\sqrt{x^2-1}}$	$\cdots$	(∞)
$g'(a)$		$-$	0	$+$	
$g(a)$	(∞)	↘	$\sqrt{x^2-1}$	↗	(∞)

増減表より，y のとり得る値の範囲は

$$y=g(a)\geqq\sqrt{x^2-1}$$

である。

以下，解答と同様。

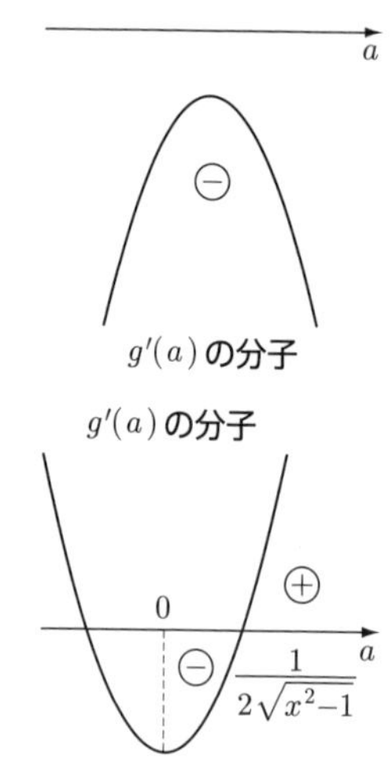

テーマ 13 線分の通過領域

13 アプローチ

直線 PQ に対して線分 PQ は x（または y）についての条件が追加されます。

これをパラメータに関する条件として考えなければなりません。

通過領域を求める手法のうち，今回は問題の誘導に従い，x を固定し，y をパラメータの関数と考えて，y のとり得る値の範囲を求めることにします。

具体的な解法のシナリオは以下のようになります。

(step 1)　2点 P，Q の x 座標をそれぞれ p，q とおき，線分 PQ の方程式を求める。

(step 2)　条件 $\mathrm{OP}+\mathrm{OQ}=6$ を満たす p，q の関係式を求める。

(step 3)　線分 PQ 上の点 $(x,\ y)$ について x を固定して，パラメータ p（または q）を動かしたとき，y のとり得る値の範囲を求める。

解答

(1)　条件より，線分上の2点 P，Q を

$$\mathrm{P}(p,\ \sqrt{3}\,p),\ \mathrm{Q}(-q,\ \sqrt{3}\,q)$$
$$(0\leqq p\leqq 2,\ 0\leqq q\leqq 2)$$

とおくと

$$\mathrm{OP}=2p,\ \mathrm{OQ}=2q$$

であるから，条件 $\mathrm{OP}+\mathrm{OQ}=6$ より

$$2p+2q=6$$
$$p+q=3$$

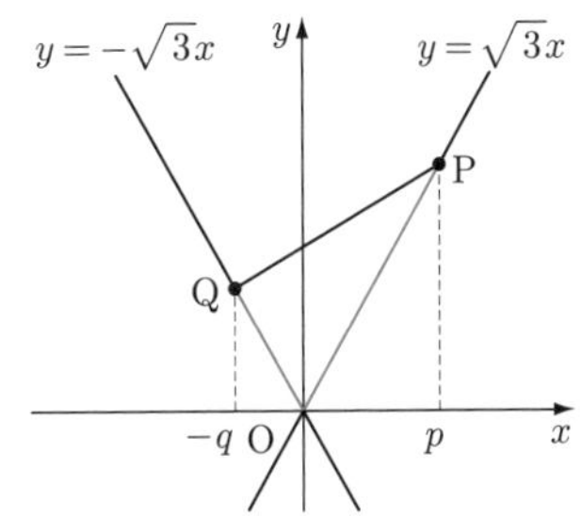

これより，p，q の満たすべき条件は

$$p+q=3 \text{ かつ } 1\leqq p\leqq 2$$

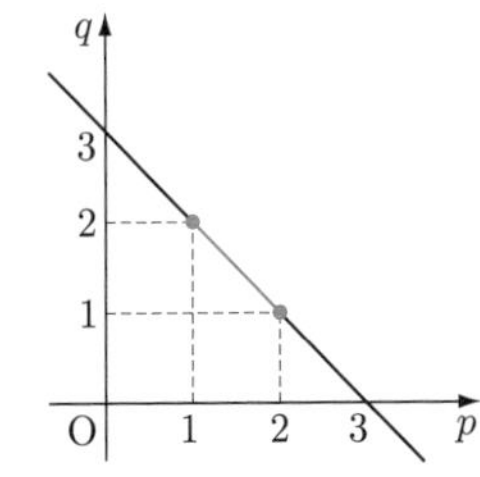

である。また，線分 PQ の方程式は

$$y=\frac{\sqrt{3}\,(p-q)}{p+q}(x-p)+\sqrt{3}\,p$$
$$(-q\leqq x\leqq p)$$

であり，$p+q=3$ より q を消去すると，線分 PQ の方程式は

$$y=\frac{\sqrt{3}}{3}(2p-3)(x-p)+\sqrt{3}\,p$$
$$=\frac{\sqrt{3}}{3}(2p-3)x+2\sqrt{3}\,p-\frac{2\sqrt{3}}{3}p^2 \quad \cdots\cdots ①$$

また

$$-q\leqq x\leqq p \iff p-3\leqq x\leqq p$$
$$\iff x\leqq p\leqq x+3$$

であるから，p の満たすべき範囲は

$$\begin{cases} 1 \leqq p \leqq 2 \\ \text{かつ} \\ x \leqq p \leqq x+3 \end{cases} \quad \cdots\cdots ②$$

である。

ここで，線分PQが通過する領域について，y 軸に関する対称性より，$x \geqq 0$ の範囲で考えれば十分であり，$x\,(\geqq 0)$ を固定し，p を②の範囲で動かすとき，①を満たす y がとり得る値の範囲を求めればよい。

①の右辺を $f(p)$ とおくと

$$f(p) = \frac{\sqrt{3}}{3}(2p-3)x + 2\sqrt{3}\,p - \frac{2\sqrt{3}}{3}p^2$$

$$= -\frac{2\sqrt{3}}{3}p^2 + \left(2\sqrt{3} + \frac{2\sqrt{3}}{3}x\right)p - \sqrt{3}\,x$$

$$= -\frac{2\sqrt{3}}{3}\left(p - \frac{x+3}{2}\right)^2 + \frac{\sqrt{3}}{6}x^2 + \frac{3\sqrt{3}}{2}$$

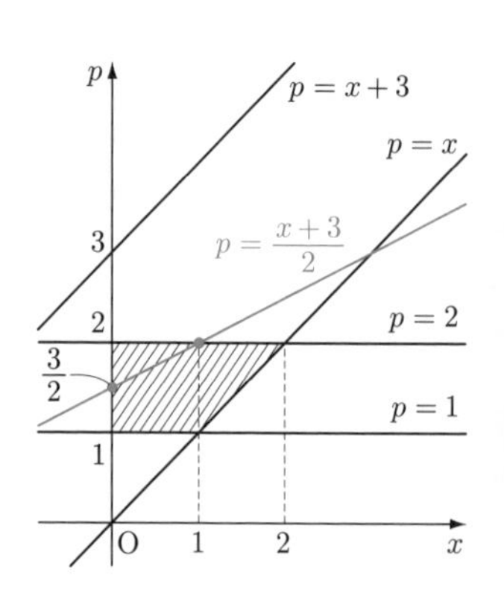

また，$x \geqq 0$ において，②を満たす p の範囲について xp 平面で考えると，図の斜線部分になる。(境界線を含む。)

(i) $0 \leqq x \leqq 1$ のとき

$$② \iff 1 \leqq p \leqq 2 \quad \cdots\cdots ②'$$

軸：$p = \dfrac{x+3}{2}$ は②$'$ に含まれ，$p=1$ が軸から最も遠い点であるから

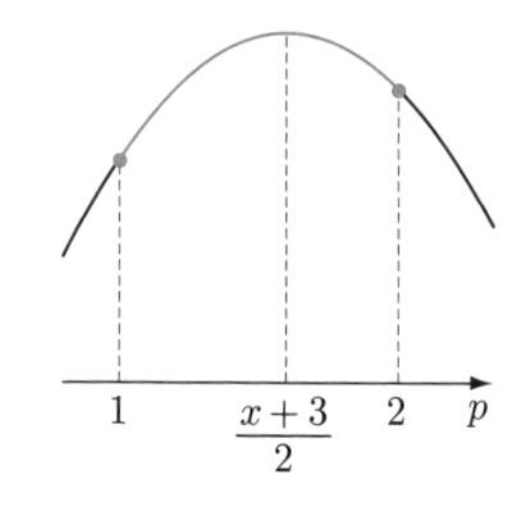

$$f(1) \leqq y \leqq f\left(\frac{x+3}{2}\right)$$

$$-\frac{\sqrt{3}}{3}x + \frac{4\sqrt{3}}{3} \leqq y \leqq \frac{\sqrt{3}}{6}x^2 + \frac{3\sqrt{3}}{2}$$

(ii) $1 \leqq x \leqq 2$ のとき

$$② \iff x \leqq p \leqq 2 \quad \cdots\cdots ②''$$

軸：$p = \dfrac{x+3}{2} \geqq 2$ であるから

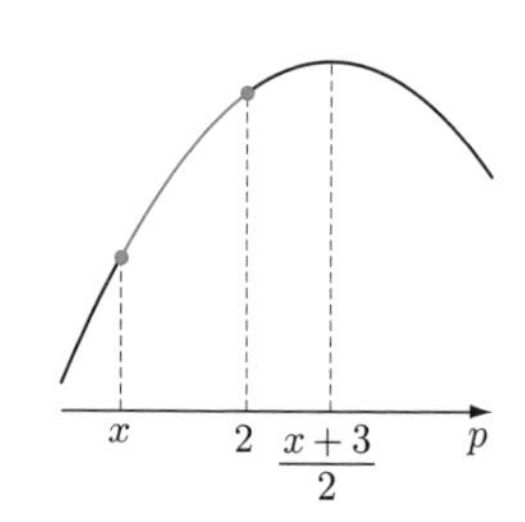

$$f(x) \leqq y \leqq f(2)$$

$$\sqrt{3}\,x \leqq y \leqq \frac{\sqrt{3}}{3}x + \frac{4\sqrt{3}}{3}$$

以上，(i)(ii)より，点 $(s,\ t)$ が D に入るような t の範囲は

$$\begin{cases} 0 \leqq s \leqq 1 \text{ のとき} \\ \quad -\dfrac{\sqrt{3}}{3}s + \dfrac{4\sqrt{3}}{3} \leqq t \leqq \dfrac{\sqrt{3}}{6}s^2 + \dfrac{3\sqrt{3}}{2} \\ 1 \leqq s \leqq 2 \text{ のとき} \\ \quad \sqrt{3}\,s \leqq t \leqq \dfrac{\sqrt{3}}{3}s + \dfrac{4\sqrt{3}}{3} \end{cases}$$

である。

(2)　(1)および y 軸に関する対称性より，領域 D は図の斜線部分である。

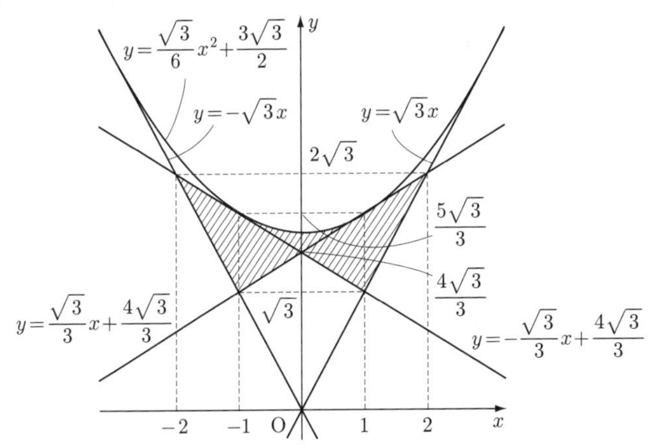

（境界線を含む。）

〈補足〉

線分 PQ の通過領域を求める方法として，直線 PQ の通過領域を求めてから，$y \geqq \sqrt{3}\,|x|$ の部分を考えてもよいでしょう。

直線 PQ の通過領域を求める場合は，$f(P)$ の範囲を調べるときの P の定義域を $1 \leqq P \leqq 2$ で考えることになりますが，基本的に解答の方法と同じです。

テーマ 14 内分点の動く範囲

14 アプローチ

2点P, Qが曲線上を独立に動くとき，線分PQの内分点Rが動く範囲を求める問題です。

このような問題を考える場合の方針は,

① **変数を動かすことを考える。**

② **変数が存在する条件を考える。**

という2つのアプローチがあります。

①については，2点P，Qのうち1点を固定して，もう1点を動かし，次に固定した点を動かすという2段階に分けた計算になります。

②については，2点P，Qをパラメータ表示してそれらのパラメータを変数とする連立方程式が解をもつための条件を考えます。

具体的な解法のシナリオは以下のようになります。

(step 1)　2点P，Qのx座標をそれぞれp，qとおき線分PQを1：2に内分する点$\mathrm{R}(a,\ b)$を求める。

(step 2)　pを固定して，qを動かすとき，a，b，pの関係式を作る。
（qを固定して，pを動かす場合でも同様）

(step 3)　**(step 2)** で得られた式 $b=f(a,\ p)$ について，aを固定し，pを動かすときbのとり得る値の範囲を求める。
〔直線の通過領域を求める計算と同様〕

p, qに関する連立方程式と考えて, p, qの存在条件を考える場合でもパラメータを1つずつ消去するので，本質的に同様の計算になります。

解答

(1)　放物線 $y=x^2$ 上の2点を

$\mathrm{P}(p,\ p^2)$，$\mathrm{Q}(q,\ q^2)$

$(-1\leqq p\leqq 1,\ -1\leqq q\leqq 1)$

とおくと，線分PQを1：2に内分する点$\mathrm{R}(a,\ b)$は

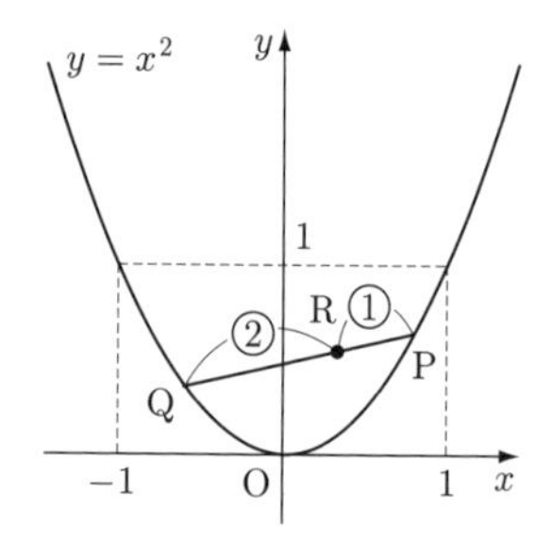

$$\begin{cases} a=\dfrac{2p+q}{3} \\ b=\dfrac{2p^2+q^2}{3} \end{cases} \iff \begin{cases} 2p+q=3a & \cdots\cdots① \\ 2p^2+q^2=3b & \cdots\cdots② \end{cases}$$

と表せる。

まず，qを動かすとき，①，②を満たすa，b，pの関係式は

①，②よりqを消去して

$$3b=2p^2+(3a-2p)^2$$
$$=6p^2-12ap+9a^2$$
$$b=2p^2-4ap+3a^2 \quad \cdots\cdots③$$

また，p の範囲について，①より $q=3a-2p$ だから

$$\begin{cases}-1\leqq p\leqq 1\\ -1\leqq q\leqq 1\end{cases} \iff \begin{cases}-1\leqq p\leqq 1\\ -1\leqq 3a-2p\leqq 1\end{cases}$$

$$\iff \begin{cases}-1\leqq p\leqq 1\\ \dfrac{3a-1}{2}\leqq p\leqq \dfrac{3a+1}{2}\end{cases} \quad \cdots\cdots④$$

ここで，2点P，Qが動くときの点Rの動く範囲Dは

「③を満たす実数pが④の範囲に存在する」 ……(＊)

ような$(a,\ b)$の条件である。すなわち，pが④の範囲を動くとき，ab平面での放物線③が通過する領域に等しい。

このとき，点Rが動く範囲Dはy軸に関して対称だから，aを $0\leqq a\leqq 1$ の範囲に固定して，④の範囲でpを動かし，③を満たすbのとり得る値の範囲を求めればよい。

$0\leqq a\leqq 1$ において④を満たすpの範囲について，ap平面で考えると，図の斜線部分になる。(境界線を含む。)

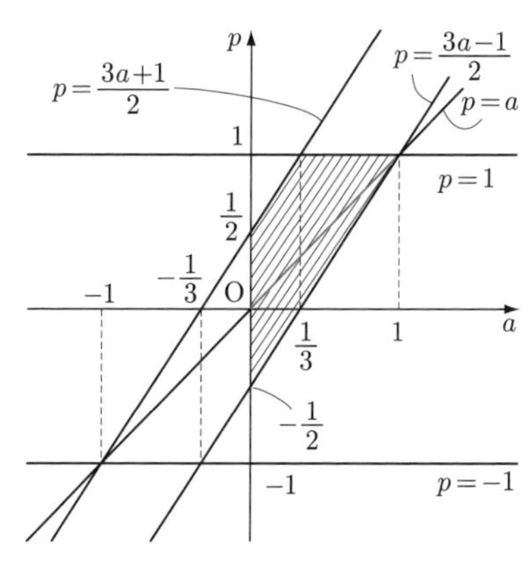

③の右辺を $f(p)$ とおくと

$$f(p)=2p^2-4ap+3a^2$$
$$=2(p-a)^2+a^2$$

(i) $0\leqq a\leqq \dfrac{1}{3}$ のとき

$$④ \iff \frac{3a-1}{2}\leqq p\leqq \frac{3a+1}{2} \quad \cdots\cdots④'$$

軸 $p=a$ は④′に含まれ，$p=\dfrac{3a+1}{2}$ が軸から最も遠い点であるから

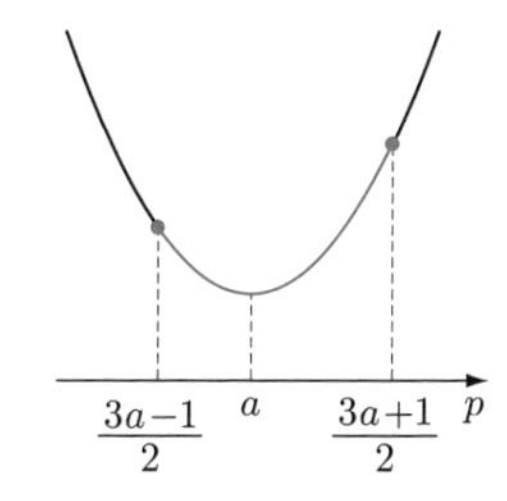

$$f(a)\leqq b\leqq f\left(\frac{3a+1}{2}\right)$$

$$a^2\leqq b\leqq \frac{3}{2}a^2+a+\frac{1}{2}$$

(ii) $\frac{1}{3} \leqq a \leqq 1$ のとき

$$④ \iff \frac{3a-1}{2} \leqq p \leqq 1 \quad \cdots\cdots④''$$

軸 $p=a$ は④″に含まれ，$p=1$ が軸から最も遠い点であるから

$f(a) \leqq b \leqq f(1)$

$a^2 \leqq b \leqq 3a^2-4a+2$

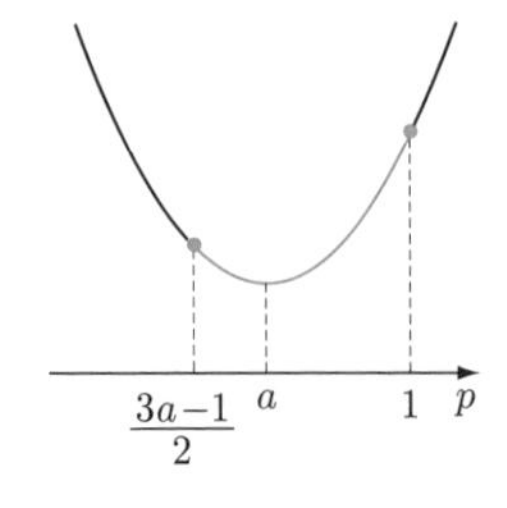

以上，(i)(ii)および y 軸に関する対称性により，$(a,\ b)$ が領域 D に属するための条件は

$$\begin{cases} -1 \leqq a \leqq -\frac{1}{3} \text{ のとき } a^2 \leqq b \leqq 3a^2+4a+2 \\ -\frac{1}{3} \leqq a \leqq 0 \text{ のとき } a^2 \leqq b \leqq \frac{3}{2}a^2-a+\frac{1}{2} \\ 0 \leqq a \leqq \frac{1}{3} \text{ のとき } a^2 \leqq b \leqq \frac{3}{2}a^2+a+\frac{1}{2} \\ \frac{1}{3} \leqq a \leqq 1 \text{ のとき } a^2 \leqq b \leqq 3a^2-4a+2 \end{cases}$$

である。

(2) (1)より，D を図示すると，図の斜線部分である。

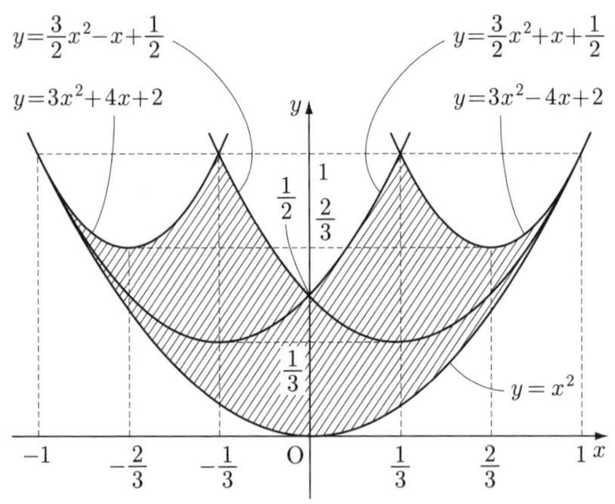

(境界線を含む。)

テーマ 15 円の中心の通過領域

15 アプローチ

図形問題を解く場合，代表的手法として，以下の 3 つの方法があります。

①平面幾何　②座標計算　③ベクトル

円が長方形に含まれる条件は，円の中心と長方形の各辺までの距離と円の半径との大小を考えます。

その際，座標を設定しておくと計算しやすくなります。

同様に，円が円に含まれる条件は，中心間距離と半径の差との大小を考えます。

幾何的に考える場合は，円の中心が描く境界線に着目します。2 次曲線の定義を用いると，境界線が放物線や楕円になることがわかります。

解答

(1)　E を原点とし，長方形 ABCD の辺が座標軸と平行になるような xy 平面を考える。

点 E を通り，長方形 ABCD に含まれるような円の中心を $\mathrm{P}(p,\ q)$ とする。

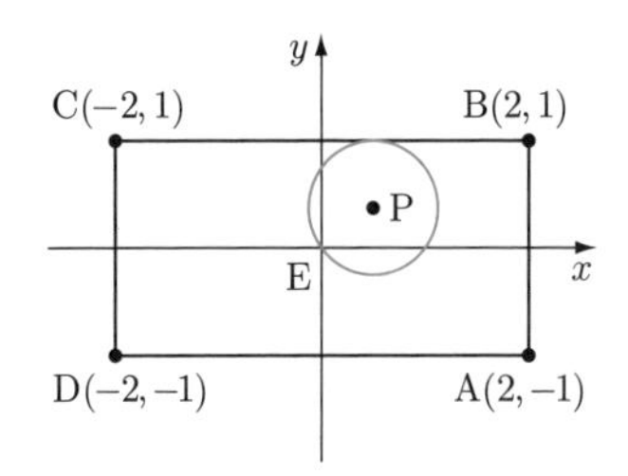

x 軸，y 軸に関する対称性より

$$0 \leqq p \leqq 2,\ 0 \leqq q \leqq 1$$

で考えればよい。

円が点 E を通るとき，円の半径は

$$r=\sqrt{p^2+q^2}\quad \cdots\cdots ①$$

であり，円が長方形 ABCD に含まれる条件は，点 P と辺 AB, BC との距離が r 以上であるから

$$2-p \geqq r \text{ かつ } 1-q \geqq r\quad \cdots\cdots ②$$

このとき，中心 $\mathrm{P}(p,\ q)$ の満たすべき条件は

「①かつ②を満たす正の実数 r が存在する」

ような p，q の条件であるから

$$\begin{cases} 2-p \geqq \sqrt{p^2+q^2}>0 \\ \text{かつ} \\ 1-q \geqq \sqrt{p^2+q^2}>0 \end{cases}$$

両辺は正であるから，両辺を 2 乗して

$$\begin{cases}(2-p)^2 \geqq p^2+q^2>0 \\ \text{かつ} \\ (1-q)^2 \geqq p^2+q^2>0\end{cases}$$

$$\iff \begin{cases}4-4p \geqq q^2 \\ \text{かつ} \\ 1-2q \geqq p^2\end{cases} \quad (\text{ただし,}\ (p,\ q) \neq (0,\ 0))$$

$$\iff \begin{cases}p \leqq -\dfrac{1}{4}q^2+1 \\ \text{かつ} \\ q \leqq -\dfrac{1}{2}p^2+\dfrac{1}{2}\end{cases} \quad (\text{ただし,}\ (p,\ q) \neq (0,\ 0))$$

である。

これより，中心 $\mathrm{P}(p,\ q)$ の存在範囲は，図の斜線部分になる。

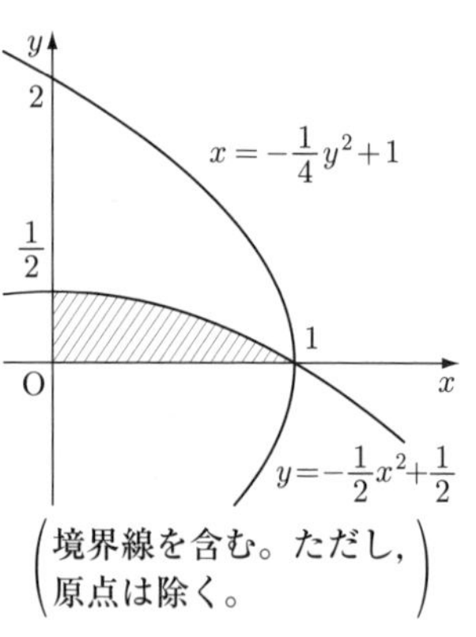

（境界線を含む。ただし，原点は除く。）

求める面積は，x 軸，y 軸に関する対称性より

$$\begin{aligned}\boldsymbol{S_1} &= 4\int_0^1\left(-\frac{1}{2}x^2+\frac{1}{2}\right)dx \\ &= 4\left[-\frac{1}{6}x^3+\frac{1}{2}x\right]_0^1 \\ &= \boldsymbol{\frac{4}{3}}\end{aligned}$$

である。

(2)　Oを原点とし，Hを x 軸上にとり，H(2, 0) となるような xy 平面を考える。

点Hを内部に含み，円 F に含まれるような円 C の中心を $\mathrm{Q}(p,\ q)$ とする。

点Qは円 F に含まれるから

$$p^2+q^2 \leqq 4^2$$

円 C の半径を r とすると，円 C が点Hを内部に含む条件は

$$\mathrm{QH}<r$$

$$\sqrt{(p-2)^2+q^2}<r \quad \cdots\cdots③$$

また，円 C が円 F に含まれる条件は

$$\mathrm{OQ} \leqq 4-r$$

$$\sqrt{p^2+q^2} \leqq 4-r$$

$$r \leqq 4-\sqrt{p^2+q^2} \quad \cdots\cdots④$$

このとき，中心 $\mathrm{Q}(p,\ q)$ の満たすべき条件は

「③かつ④を満たす正の実数 r が存在する」

ような p，q の条件であるから

$$\sqrt{(p-2)^2+q^2}<4-\sqrt{p^2+q^2}$$

両辺は 0 以上であるから，両辺を 2 乗して

$$(p-2)^2+q^2<(4-\sqrt{p^2+q^2})^2$$

$$\iff p^2-4p+4+q^2<16-8\sqrt{p^2+q^2}+p^2+q^2$$

$$\iff 2\sqrt{p^2+q^2}<p+3$$

さらに両辺を 2 乗して

$$4(p^2+q^2)<(p+3)^2$$

$$\iff 3(p-1)^2+4q^2<12$$

$$\iff \frac{(p-1)^2}{4}+\frac{q^2}{3}<1$$

これより，中心 Q$(p,\ q)$ の存在範囲は，図の楕円

$$\frac{(x-1)^2}{4}+\frac{y^2}{3}=1$$

の内部になる。

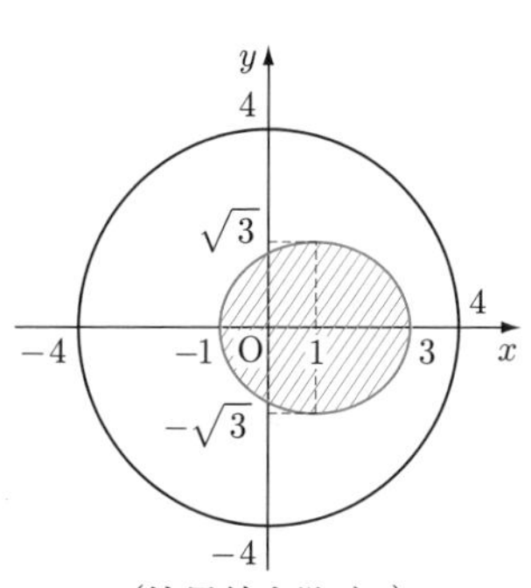

(境界線を除く。)

楕円 $\dfrac{x^2}{a^2}+\dfrac{y^2}{b^2}=1$ の内部の面積 S は円 $x^2+y^2=1$ の内部の面積の ab 倍であるから，$S=\pi ab$

したがって，求める面積は $\boldsymbol{S_2=2\sqrt{3}\pi}$ である。

〈補足〉 楕円の面積

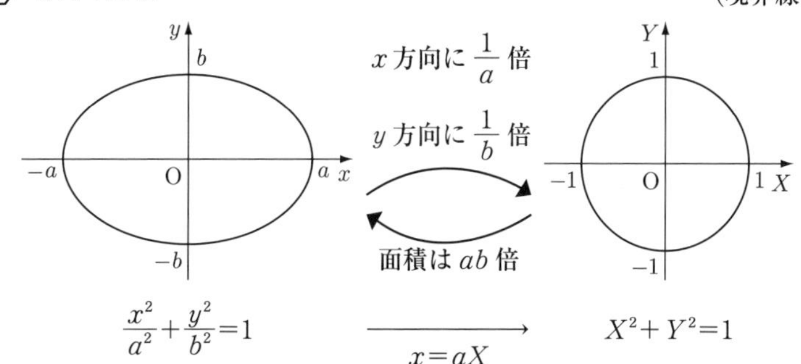

$$\frac{x^2}{a^2}+\frac{y^2}{b^2}=1 \quad \xrightarrow[\substack{x=aX\\ y=bY}]{} \quad X^2+Y^2=1$$

積分で求めると

$$S=4\int_0^a y\,dx$$
$$=4\int_0^a b\sqrt{1-\frac{x^2}{a^2}}\,dx$$
$$=\frac{4b}{a}\int_0^a \sqrt{a^2-x^2}\,dx$$
$$=\frac{4b}{a}\times\frac{\pi}{4}a^2=\pi ab$$

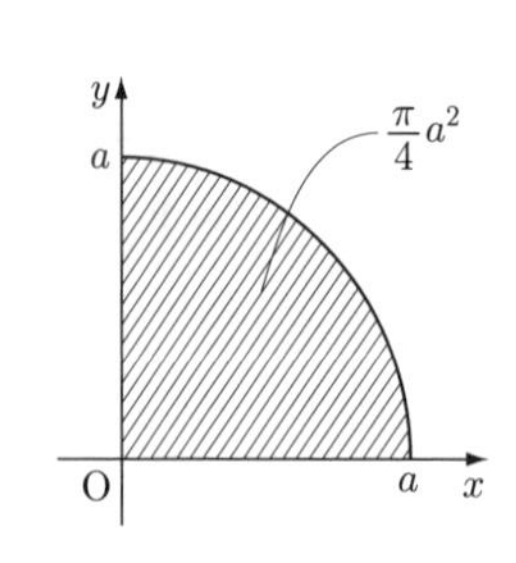

となります。

参考

円の中心 P，Q の存在範囲 (領域) の境界線を幾何的に考えてみます。

(1) 円が点Eを通り，辺 BC に接するとき，円の中心Pの描く軌跡について，
中心Pから辺 BC に下ろした垂線の足をHとおくと

PE＝PH

これより，点Pは焦点 E，準線 BC の放物線上を動くことがわかります。
他の辺に接する場合も同様です。

(2) 円が点Hを通り，円 F に内接するとき，円の中心Qの描く軌跡について，
円の半径を r とおくと

QH＝r，OQ＝$4-r$

なので

OQ＋QH＝4

これより，点Qは 2 点 O，H を焦点とする楕円上を動くことがわかります。

テーマ 16　四面体の外接球の半径

16 アプローチ

四面体 ABCD の外接球の半径を求める問題です。対称性のある四面体の場合，対称面による切り口を考えます。このとき，断面上の切り口の円について

「円の半径＝球の半径」

となり，平面図形の問題に帰着できます。

外接球の中心と四面体の各頂点までの距離はすべて外接球の半径に等しいので，直角三角形に着目して，三平方の定理が有効です。

また，点Dを頂点と考えると

DA＝DB＝DC　(頂点から底面の三角形の 3 頂点までの長さがすべて等しい)

であることから，頂点Dから底面 ABC に下ろした垂線の足Hが △ABC の外心に一致します。これを利用しても，外接球の半径を求めることができます。

さらには，座標軸を設定して，空間座標による計算を行うことも可能です。

図形に対称性がない場合には，座標やベクトルによる計算が有効です。

解答

〈解 1〉　2 つの対称面に着目する

4 点 A，B，C，D を通る球は四面体 ABCD の外接球である。

球の中心をPとし，CD および AB の中点をそれぞれ M，N とおく。

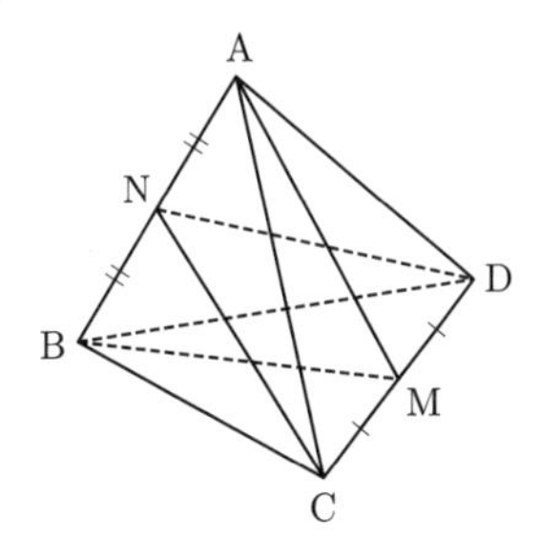

四面体 ABCD は平面 ABM および平面 CDN に関して対称であるから，点Pは平面 ABM 上かつ平面 CDN 上にある。

これより，点Pはこれらの交線である線分 MN 上にある。

AM⊥CD，BM⊥CD，MN⊥AB だから，三平方の定理より

$$AM=BM=\sqrt{2^2-1^2}=\sqrt{3}$$

$$MN=\sqrt{AM^2-AN^2}$$

$$=\sqrt{(\sqrt{3})^2-\left(\frac{\sqrt{3}}{2}\right)^2}$$

$$=\frac{3}{2}$$

ここで，PN$=x$ とおくと

$$PM=MN-PN$$
$$=\frac{3}{2}-x$$

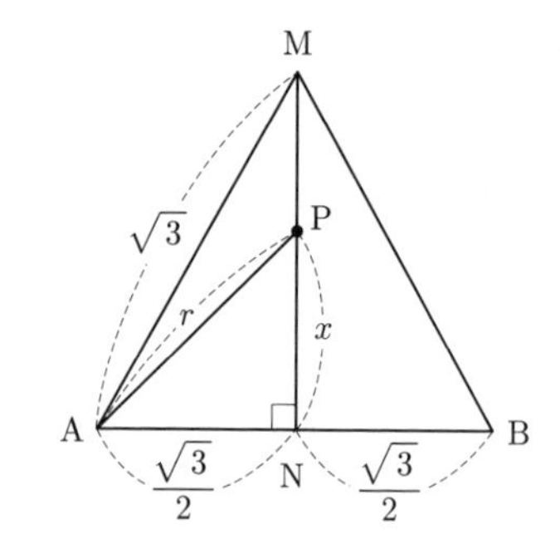

△APN で三平方の定理より

$$r^2=x^2+\left(\frac{\sqrt{3}}{2}\right)^2$$
$$=x^2+\frac{3}{4} \quad \cdots\cdots ①$$

△CPM で三平方の定理より

$$r^2=1^2+\left(\frac{3}{2}-x\right)^2$$
$$=x^2-3x+\frac{13}{4} \quad \cdots\cdots ②$$

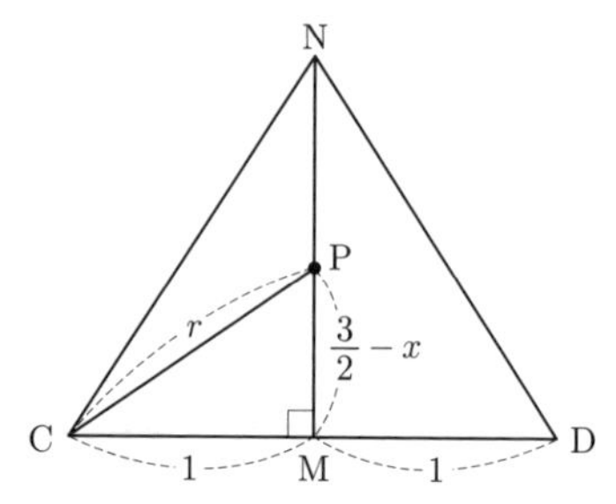

①－② より

$$0=3x-\frac{5}{2}$$
$$x=\frac{5}{6}$$

これより

$$r^2=\left(\frac{5}{6}\right)^2+\frac{3}{4}=\frac{13}{9}$$

したがって，求める r の値は

$$\boldsymbol{r}=\sqrt{\frac{13}{9}}=\boldsymbol{\frac{\sqrt{13}}{3}}$$

である。

〈解 2〉　頂点から底面の三角形の 3 頂点までの長さが等しい四面体であることに着目する

点Dから平面 ABC に下ろした垂線の足をHとおくと

DA＝DB＝DC

より

△DAH≡△DBH≡△DCH

であるから

AH＝BH＝CH

となり，点Hは △ABC の外心である。

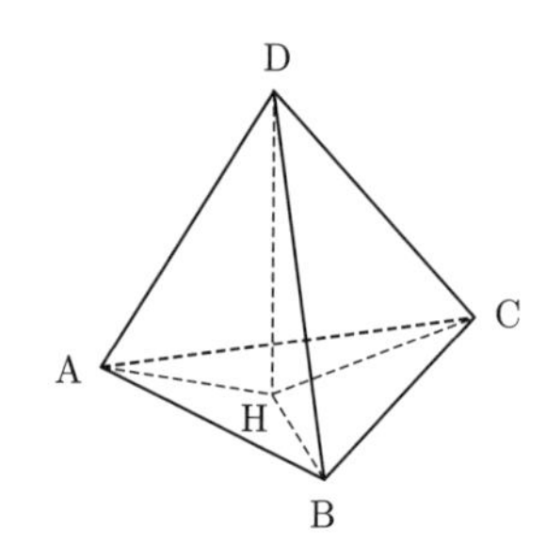

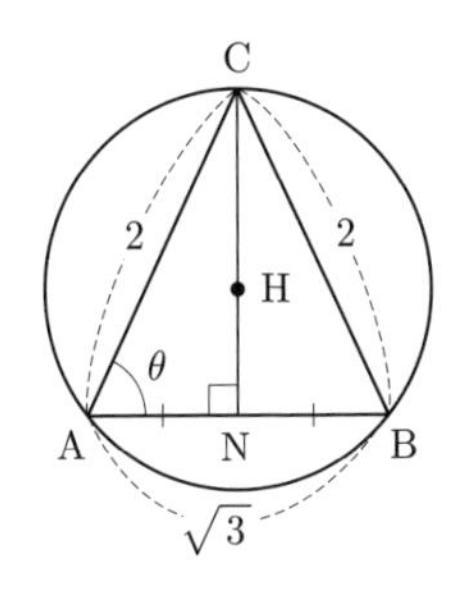

△ABC は CA＝CB の二等辺三角形だから，AB の中点をNとおくと，AB⊥CN であり，∠BAC＝θ とおくと

$$\cos\theta=\frac{AN}{AC}=\frac{\sqrt{3}}{4}$$

$$\sin\theta=\frac{\sqrt{13}}{4}$$

△ABC の外接円の半径をRとおくと，正弦定理より

$$2R=\frac{2}{\sin\theta}\qquad R=\frac{1}{\sin\theta}=\frac{4}{\sqrt{13}}$$

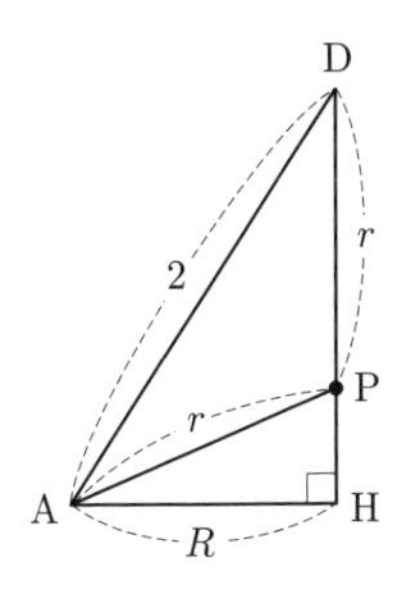

△ADH において，三平方の定理より

$$DH=\sqrt{2^2-R^2}=\sqrt{4-\frac{16}{13}}=\frac{6}{\sqrt{13}}$$

四面体 ABCD の外接球の中心をPとすると，PA＝PB＝PC より点Pから平面 ABC に下ろした垂線の足はHに一致するので，点Pは線分 DH 上にある。DP＝AP＝r であり

$$PH=DH-DP=\frac{6}{\sqrt{13}}-r$$

△APH で三平方の定理より

$$r^2=R^2+\left(\frac{6}{\sqrt{13}}-r\right)^2$$

$$\frac{12}{\sqrt{13}}r=\frac{16}{13}+\frac{36}{13}=4$$

$$\boldsymbol{r}=\frac{\sqrt{13}}{12}\cdot4=\boldsymbol{\frac{\sqrt{13}}{3}}$$

である。

DH の長さを求めた後に，P から AD に垂線 PT を下ろして，∠ADH＝φ とすると

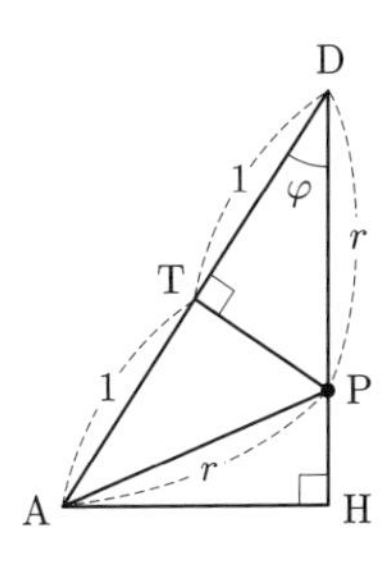

$$\cos\varphi=\frac{DH}{AD}=\frac{3}{\sqrt{13}}$$

△DPT において

$$\cos\varphi=\frac{DT}{DP}=\frac{1}{r}$$

なので

$$r=\frac{1}{\cos\varphi}=\frac{\sqrt{13}}{3}$$

と求めることもできます。

〈解 3〉 対称面での切り口が正三角形であることに着目する

4 点 A，B，C，D を通る球は四面体 ABCD の外接球である。

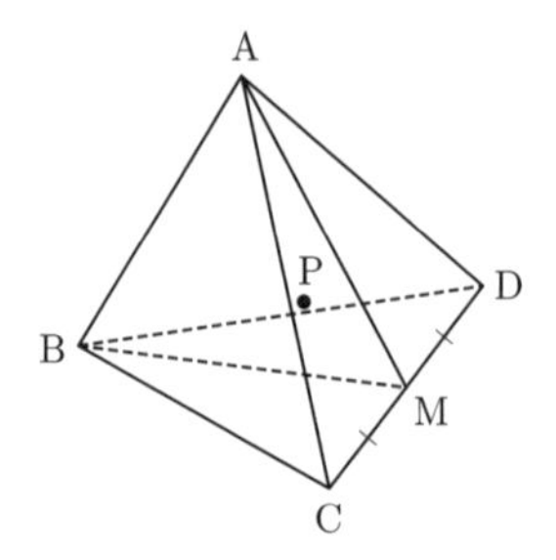

球の中心をPとし，CD の中点を M とおくと，四面体 ABCD は平面 ABM に関して対称であるから，点 P は平面 ABM 上にある。

ここで

$$AB=AM=BM=\sqrt{3}$$

であるから，△ABM は正三角形であり，AB の中点をNとおくと，PA=PB より，点Pは線分 MN 上にある。

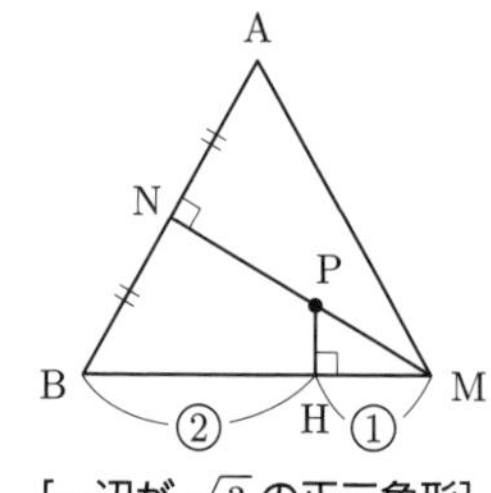

[一辺が $\sqrt{3}$ の正三角形]

また，点Pから平面 BCD に下ろした垂線の足をHとおくと

$$PB=PC=PD$$

より，点Hは △BCD の外接円の中心であり，△BCD が正三角形であるから，点Hは △BCD の重心に一致する。

このとき

$$BH=\frac{2}{3}BM=\frac{2\sqrt{3}}{3}$$

$$MH=\frac{1}{3}BM=\frac{\sqrt{3}}{3}$$

$$PH=MH\tan\frac{\pi}{6}=\frac{1}{3}$$

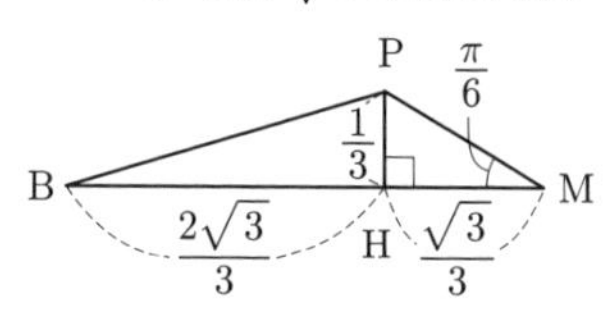

となるから，△BPH で三平方の定理より

$$r=BP=\sqrt{BH^2+PH^2}$$

$$=\sqrt{\left(\frac{2\sqrt{3}}{3}\right)^2+\left(\frac{1}{3}\right)^2}$$

$$=\boldsymbol{\frac{\sqrt{13}}{3}}$$

である。

〈解 4〉 座標軸を設定して座標計算する

四面体 ABCD に対して，図のように座標軸をとり，3 点 B，C，D の座標を

$$B(\sqrt{3},\ 0,\ 0),\ C(0,\ 1,\ 0),\ D(0,\ -1,\ 0)$$

とする。

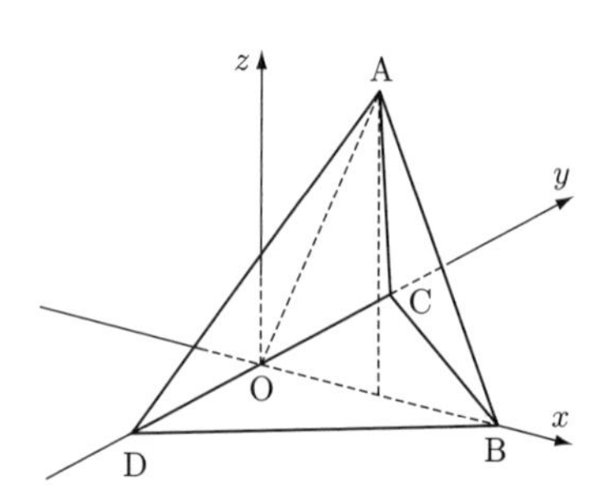

このとき，対称性により点Aは xz 平面上にあり，△AOB は一辺の長さが $\sqrt{3}$ の正三角形であるから，点Aの座標は

$$A\left(\frac{\sqrt{3}}{2},\ 0,\ \frac{3}{2}\right)$$

となる。

　また，球の中心Pも対称性により xz 平面上にあるから，
P(x，0，z) とおくと

$$\mathrm{PA}=\mathrm{PB}=\mathrm{PC}(=\mathrm{PD})$$

により

$$\left(x-\frac{\sqrt{3}}{2}\right)^2+\left(z-\frac{3}{2}\right)^2=(x-\sqrt{3})^2+z^2=x^2+1^2+z^2$$

$$x=\frac{\sqrt{3}}{3},\quad z=\frac{1}{3}$$

　これより，球の中心Pの座標は $\mathrm{P}\left(\frac{\sqrt{3}}{3},\ 0,\ \frac{1}{3}\right)$ であるから，球の半径は

$$\boldsymbol{r}=\mathrm{PC}=\sqrt{\left(\frac{\sqrt{3}}{3}\right)^2+1^2+\left(\frac{1}{3}\right)^2}=\boldsymbol{\frac{\sqrt{13}}{3}}$$

である。

テーマ 17 立方体の正射影の面積

17 アプローチ

正射影した図形の面積については，射影する前後の図形のなす角に着目します。

(i) 線分の正射影

2 直線 AB と A′B′ のなす角を θ $\left(0 \leqq \theta \leqq \dfrac{\pi}{2}\right)$ とすると

$$\mathbf{A'B' = AB\cos\theta}$$

が成り立ちます。

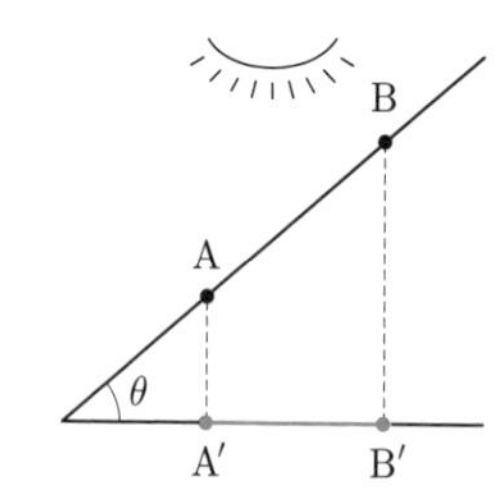

(ii) 領域の正射影

2 平面 α と β のなす角を θ $\left(0 \leqq \theta \leqq \dfrac{\pi}{2}\right)$ とすると，図の 2 つの面積 S と S' について

$$\mathbf{S' = S\cos\theta}$$

が成り立ちます。

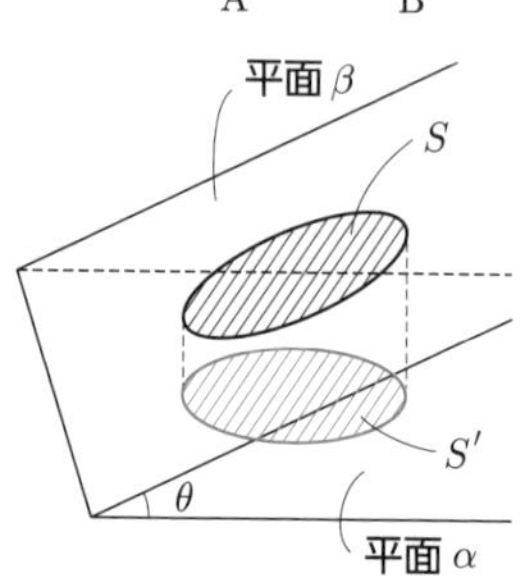

このとき，平面 α と β の法線ベクトルをそれぞれ $\vec{a}$, $\vec{b}$ とし，$\vec{a}$ と $\vec{b}$ のなす角を φ $(0 \leqq \varphi \leqq \pi)$ とすると，2 平面 α と β のなす角 θ は

$$\cos\theta = |\cos\varphi| = \frac{|\vec{a}\cdot\vec{b}|}{|\vec{a}||\vec{b}|}$$

により求められます。

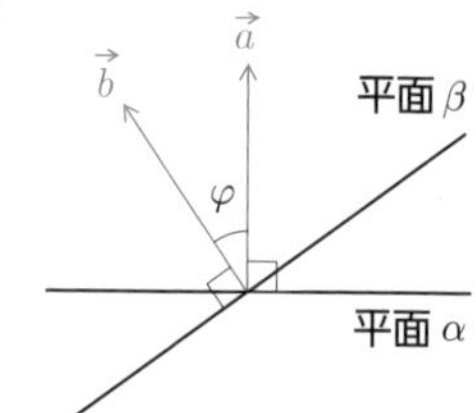

解答

立方体 C を図のように OABD-EFGI とする。

光線の方向ベクトルが

$\vec{l} = (-a_1,\ -a_2,\ -a_3)$

$(a_1 > 0,\ a_2 > 0,\ a_3 > 0,\ |\vec{l}| = 1)$

であるとき，光線は 3 つの正方形

ABGF，BDIG，EFGI

に当たる。

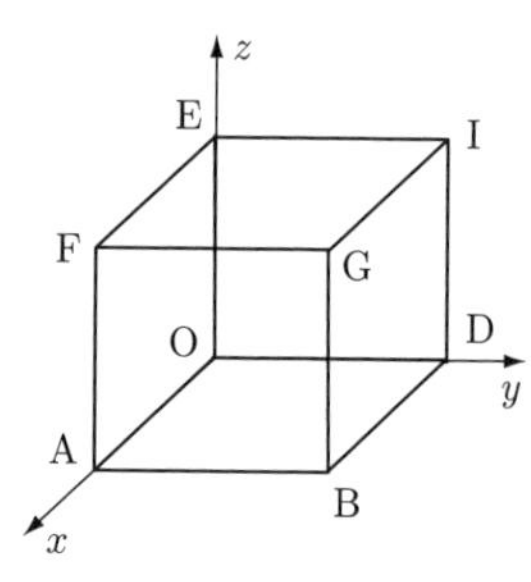

このとき，立方体 C の影は 3 つの正方形をスクリーンの平面 H に正射影したものである。

正方形 ABGF の単位法線ベクトルは

$$\vec{n}=(1,\ 0,\ 0)$$

であり，平面 ABGF と平面Hのなす角を $\theta\left(0\leqq\theta\leqq\dfrac{\pi}{2}\right)$ とおくと

$$\cos\theta=\frac{|\vec{l}\cdot\vec{n}|}{|\vec{l}||\vec{n}|}=|-a_1|=a_1$$

これより，正方形 ABGF を平面Hに正射影した図形の面積 S_1 は

$$S_1=\square\text{ABGF}\times\cos\theta=a_1$$

となる。

同様に，他の 2 つの正方形 BDIG，EFGI を平面Hに正射影した図形の面積を S_2，S_3 とすると

$$S_2=a_2,\ S_3=a_3$$

となる。

3 つの正方形を平面Hに正射影した図形は境界線以外では互いに重ならないので，求める影の面積Sは

$$S=S_1+S_2+S_3$$
$$=\boldsymbol{a_1+a_2+a_3}$$

である。

別解

座標空間において，点 P を平面Hに正射影した点を P′ と表記する。

$$\overrightarrow{\text{PP'}}=t\vec{l}\quad(t\text{ は実数})$$

と表せるので

$$\overrightarrow{\text{OP'}}=\overrightarrow{\text{OP}}+\overrightarrow{\text{PP'}}$$
$$=\overrightarrow{\text{OP}}+t\vec{l}$$

となる。

このとき，$\overrightarrow{\text{OP'}}\perp\vec{l}$ または $\overrightarrow{\text{OP'}}=\vec{0}$ より

$$\overrightarrow{\text{OP'}}\cdot\vec{l}=0$$
$$(\overrightarrow{\text{OP}}+t\vec{l})\cdot\vec{l}=0$$
$$\overrightarrow{\text{OP}}\cdot\vec{l}+t|\vec{l}|^2=0$$

ここで，$|\vec{l}|=1$ だから

$$t=-\overrightarrow{\text{OP}}\cdot\vec{l}$$

となるので

$$\overrightarrow{\text{OP'}}=\overrightarrow{\text{OP}}-(\overrightarrow{\text{OP}}\cdot\vec{l})\vec{l}\quad\cdots\cdots(*)$$

と表せる。

ここで，解答 の図のように立方体Cを定めると，正方形ODIEを平面Hに正射影した図形は，$\overrightarrow{\mathrm{OD'}}$ と $\overrightarrow{\mathrm{OE'}}$ で張られた平行四辺形になり，その面積を S_1 とする。

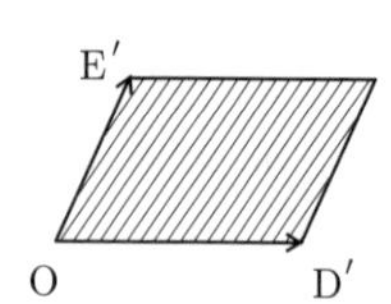

(＊)より

$$\overrightarrow{\mathrm{OD'}}=\overrightarrow{\mathrm{OD}}-(\overrightarrow{\mathrm{OD}}\cdot\vec{l})\vec{l}$$
$$=\begin{pmatrix}0\\1\\0\end{pmatrix}-(-a_2)\begin{pmatrix}-a_1\\-a_2\\-a_3\end{pmatrix}=\begin{pmatrix}-a_1a_2\\1-a_2^2\\-a_2a_3\end{pmatrix}$$
$$\overrightarrow{\mathrm{OE'}}=\overrightarrow{\mathrm{OE}}-(\overrightarrow{\mathrm{OE}}\cdot\vec{l})\vec{l}$$
$$=\begin{pmatrix}0\\0\\1\end{pmatrix}-(-a_3)\begin{pmatrix}-a_1\\-a_2\\-a_3\end{pmatrix}=\begin{pmatrix}-a_1a_3\\-a_2a_3\\1-a_3^2\end{pmatrix}$$

これより

$$|\overrightarrow{\mathrm{OD'}}|^2=(-a_1a_2)^2+(1-a_2^2)^2+(-a_2a_3)^2$$
$$=1-2a_2^2+a_2^2(a_1^2+a_2^2+a_3^2)$$
$$=1-a_2^2$$
$$|\overrightarrow{\mathrm{OE'}}|^2=(-a_1a_3)^2+(-a_2a_3)^2+(1-a_3^2)^2$$
$$=1-2a_3^2+a_3^2(a_1^2+a_2^2+a_3^2)$$
$$=1-a_3^2$$
$$\overrightarrow{\mathrm{OD'}}\cdot\overrightarrow{\mathrm{OE'}}=(-a_1a_2)\cdot(-a_1a_3)+(1-a_2^2)\cdot(-a_2a_3)+(-a_2a_3)\cdot(1-a_3^2)$$
$$=a_2a_3(a_1^2+a_2^2+a_3^2-2)$$
$$=-a_2a_3$$

よって

$$S_1=\sqrt{|\overrightarrow{\mathrm{OD'}}|^2|\overrightarrow{\mathrm{OE'}}|^2-(\overrightarrow{\mathrm{OD'}}\cdot\overrightarrow{\mathrm{OE'}})^2}$$
$$=\sqrt{(1-a_2^2)(1-a_3^2)-(-a_2a_3)^2}$$
$$=\sqrt{1-(a_2^2+a_3^2)}=a_1$$

同様にして，正方形OAFE，OABDを平面Hに正射影してできる平行四辺形の面積をそれぞれ S_2，S_3 とおくと

$$S_2=a_2,\quad S_3=a_3$$

となる。

求める影の面積Sは3つの正方形ODIE，OAFE，OABDを平面Hに正射影した面積の和に等しいので

$$S=S_1+S_2+S_3$$
$$=a_1+a_2+a_3$$

である。

テーマ 18 独立に動く2点の和と積

18 アプローチ

αが線分上を動き，βが円周上を動きます。ポイントは**αとβが独立に動く**ことです。

図形的に考えると，まずαを固定してβを動かし，次にαを動かします。どちらの変数を固定した方がよいのかはケースバイケースですから，両方を考えて判断します。

計算を行う場合は，α，βをそれぞれパラメータ表示することができます。$\alpha+\beta$および$\alpha\beta$については，2つのパラメータを1つずつ動かすので図形的に考えるのと同じですが，α^2については，実部と虚部が1つのパラメータで表せるのでα^2が描く軌跡がわかります。

解答

複素数平面上で，2つの複素数α，βを表す点をそれぞれA，Bとする。

(1) まず，A(α)を固定して考える。

B(β)を動かすと，$\alpha+\beta$はA(α)を中心とした半径1の円C_α上を動く。

次に，A(α)を動かすと，円C_αの中心が2点$\mathrm{P_1}(1+i)$，$\mathrm{P_2}(1-i)$を結ぶ線分上を動くので，$\alpha+\beta$が動く範囲は図の斜線部分である。

したがって，求める面積S_1は

$$S_1=\pi\cdot1^2+2^2$$
$$=\boldsymbol{\pi+4}$$

である。

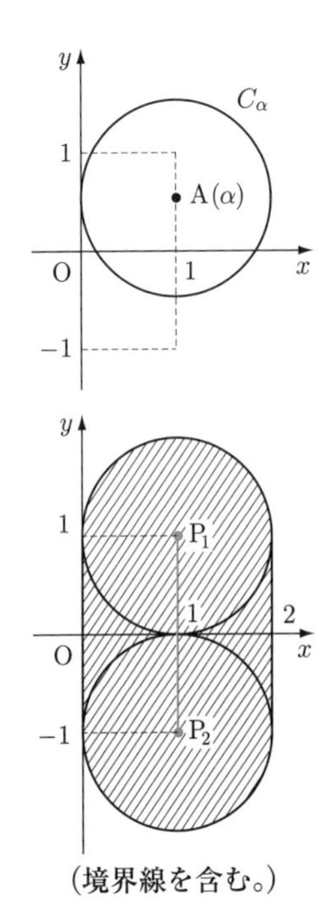

(境界線を含む。)

(2) まず，$\mathrm{A}(\alpha)$ を固定して考える。

$\arg\beta=\theta$ とおくと，条件より

$$\beta=\cos\theta+i\sin\theta$$

であるから，$\alpha\beta$ は原点中心，半径 OA の円 D_α 上を動く。

次に，$\mathrm{A}(\alpha)$ を動かすと，円 D_α の半径が $1\leqq \mathrm{OA}\leqq\sqrt{2}$ の範囲を動くので，$\alpha\beta$ が動く範囲は図の斜線部分である。

したがって，求める面積 S_2 は

$$S_2=\pi\cdot(\sqrt{2})^2-\pi\cdot1^2$$
$$=\boldsymbol{\pi}$$

である。

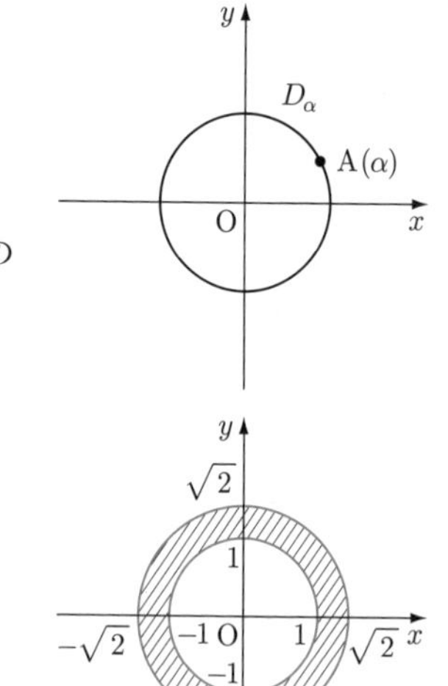

(境界線を含む。)

(3) 条件より

$$\alpha=1+ti \quad (-1\leqq t\leqq1)$$

と表せるから

$$\alpha^2=(1+ti)^2$$
$$=1-t^2+2ti$$

ここで，$\alpha^2=x+yi$ (x，y は実数) とおくと

$$\begin{cases} x=1-t^2 \\ y=2t \end{cases} \quad (-1\leqq t\leqq1)$$

であるから，$(x,\ y)$ の軌跡は

$$y^2=4(1-x) \quad (-2\leqq y\leqq2)$$

このとき，α^2 が描く曲線と虚軸で囲まれた範囲は図の斜線部分である。

したがって，求める面積 S_3 は

$$S_3=\int_{-2}^{2}\left(1-\frac{y^2}{4}\right)dy$$
$$=-\frac{1}{4}\int_{-2}^{2}(y-2)(y+2)\,dy$$
$$=\frac{1}{4}\cdot\frac{1}{6}\cdot(2+2)^3$$
$$=\boldsymbol{\frac{8}{3}}$$

である。

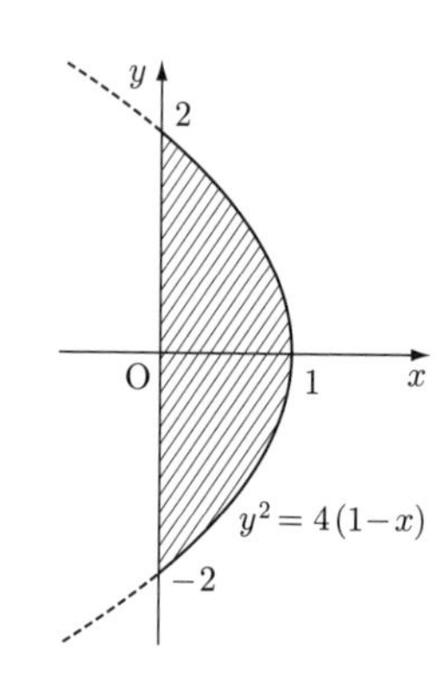

テーマ 19 点列の回転

19 アプローチ

原点を出発点とする点列 $\{P_n\}$ $(n=0,\ 1,\ 2,\ \cdots\cdots)$ が，進行方向に対して

大きさが r 倍，なす角が θ 回転

移動する場合を考えます。

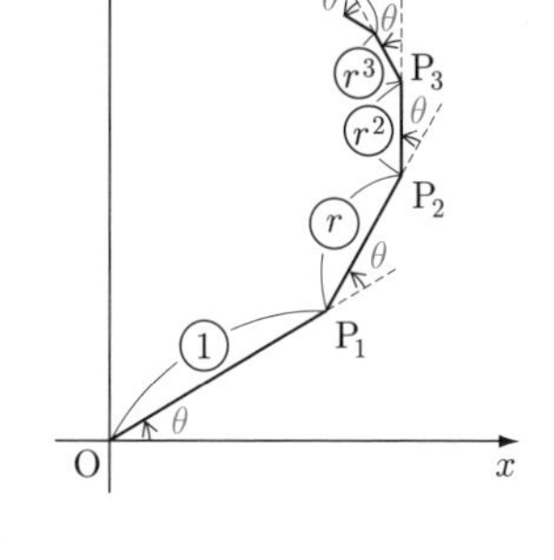

点 P_n を表す複素数を z_n とし

$\alpha=r(\cos\theta+i\sin\theta)$

$(ただし\ \alpha\neq 1)$

とおくと，$z_0=0$ のとき点列 $\{P_n\}$ の隣り合う2点を結ぶベクトル $\overrightarrow{P_nP_{n+1}}$ に対応する複素数は，次のようになります。

$z_1-z_0=z_1$ $\cdots\cdots\overrightarrow{P_0P_1}$

$z_2-z_1=\alpha z_1$ $\cdots\cdots\overrightarrow{P_1P_2}$

$z_3-z_2=\alpha^2 z_1$ $\cdots\cdots\overrightarrow{P_2P_3}$

$\vdots$

$z_n-z_{n-1}=\alpha^{n-1}z_1$ $\cdots\cdots\overrightarrow{P_{n-1}P_n}$

これらの式をすべて加えると

$z_n-z_0=z_1(1+\alpha+\alpha^2+\cdots\cdots+\alpha^{n-1})$

と表せます。出発点が原点のとき $z_0=0$ であり，右辺は公比 α の等比数列の和であるから

$$z_n=z_1(1+\alpha+\alpha^2+\cdots\cdots+\alpha^{n-1})$$
$$=\frac{1-\alpha^n}{1-\alpha}z_1\quad(n=0,\ 1,\ 2,\ \cdots\cdots)$$

と表せます。

さらに，$0<r<1$ の場合は

$|\alpha^n|=|\alpha|^n=r^n\to 0\quad(n\to\infty)$

より

$$\lim_{n\to\infty}\alpha^n=0$$

であるから

$$\lim_{n\to\infty}z_n=\frac{z_1}{1-\alpha}$$

となり，点列 $\{P_n\}$ の極限は点 $\dfrac{z_1}{1-\alpha}$ に近づきます。

解答

(1) 点 P_n を表す複素数を z_n とし

$$\alpha=\frac{2}{3}\left(\cos\frac{\pi}{3}+i\sin\frac{\pi}{3}\right)=\frac{1+\sqrt{3}\,i}{3}$$

とおくと，条件より

$$\begin{cases} z_n-z_{n-1}=\alpha(z_{n-1}-z_{n-2}) \quad (n\geqq 2) \\ z_0=0,\ \ z_1=1+i \end{cases}$$

が成り立つ。すなわち

$$\begin{cases} z_1-z_0=z_1 \\ z_2-z_1=\alpha z_1 \\ z_3-z_2=\alpha^2 z_1 \\ \quad \vdots \\ z_n-z_{n-1}=\alpha^{n-1}z_1 \end{cases}$$

であり，これらをすべて加えると

$$z_n-z_0=z_1(1+\alpha+\alpha^2+\cdots\cdots+\alpha^{n-1})$$

となり，右辺は公比 $\alpha\,(\neq 1)$ の等比数列の和であるから

$$z_n-z_0=z_1\cdot\frac{1-\alpha^n}{1-\alpha} \quad (n\geqq 1)$$

$$z_n=z_1\cdot\frac{1-\alpha^n}{1-\alpha} \quad (n\geqq 1)$$

が成り立つ。

ここで

$$|\alpha^n|=|\alpha|^n=\left(\frac{2}{3}\right)^n\to 0 \quad (n\to\infty)$$

であるから，$\lim_{n\to\infty}\alpha^n=0$ となり

$$\lim_{n\to\infty}z_n=\frac{z_1}{1-\alpha}$$

$$=\frac{1+i}{1-\frac{1+\sqrt{3}\,i}{3}}$$

$$=\frac{3}{7}\{(2-\sqrt{3})+(2+\sqrt{3})i\}$$

したがって，P_n の極限点 P_∞ が表す複素数は

$$\boldsymbol{\frac{3(2-\sqrt{3})}{7}+\frac{3(2+\sqrt{3})}{7}i}$$

である。

(2) 点 Q_n を表す複素数を ω_n とし

$$\beta=\frac{1}{2}\left(\cos\frac{\pi}{6}+i\sin\frac{\pi}{6}\right)=\frac{\sqrt{3}+i}{4}$$

とおくと，(1)と同様に

$$\lim_{n\to\infty}\omega_n=\frac{\omega_1}{1-\beta}$$

$$=\frac{z}{1-\frac{\sqrt{3}+i}{4}}$$

$$=\frac{4z}{(4-\sqrt{3})-i}$$

と表せる。

このとき，条件より $\mathrm{P}_\infty=\mathrm{Q}_\infty$ であるから

$$\frac{4z}{(4-\sqrt{3})-i}=\frac{3}{7}\{(2-\sqrt{3})+(2+\sqrt{3})i\}$$

したがって，求める z の値は

$$\boldsymbol{z}=\frac{1}{4}\cdot\frac{3}{7}\{(2-\sqrt{3})+(2+\sqrt{3})i\}\{(4-\sqrt{3})-i\}$$

$$=\boldsymbol{\frac{3}{28}\{(13-5\sqrt{3})+3(1+\sqrt{3})i\}}$$

である。

〈補足〉

漸化式は，以下のように解くこともできます。

$$z_n-z_{n-1}=\alpha(z_{n-1}-z_{n-2})\quad(n\geqq 2)$$

より，$\{z_{n+1}-z_n\}$ は初項 z_1-z_0，公比 α の等比数列であるから，

$$z_{n+1}-z_n=(z_1-z_0)\cdot\alpha^n$$

$$=z_1\cdot\alpha^n\quad(n\geqq 0)$$

となります。さらに，$\{z_n\}$ の階差数列が $\{z_1\alpha^n\}$ なので，$n\geqq 1$ のとき

$$z_n=z_0+\sum_{k=0}^{n-1}z_1\alpha^k$$

$$=z_1\cdot\frac{1-\alpha^n}{1-\alpha}$$

と求められます。

テーマ 20 複素数と極限

20 アプローチ

$0<\theta<\dfrac{\pi}{2}$ において，$\sin\theta<\theta<\tan\theta$ が成り立つことの証明は，扇形の面積を 2 つの三角形の面積で評価することにより得られる基本的な不等式です。

この不等式を利用して三角関数の極限公式 $\displaystyle\lim_{x\to 0}\frac{\sin x}{x}=1$ が導かれ，さらには三角関数の微分公式 $\dfrac{d}{dx}\sin x=\cos x$ へと繋がっていきます。

また，複素数の n 乗計算では，ド・モアブルの定理を利用します。

解答

(1) 図のように，二等辺三角形 OAB と扇形 OAB と直角三角形 OAC の面積を比較すると，$0<\theta<\dfrac{\pi}{2}$ において

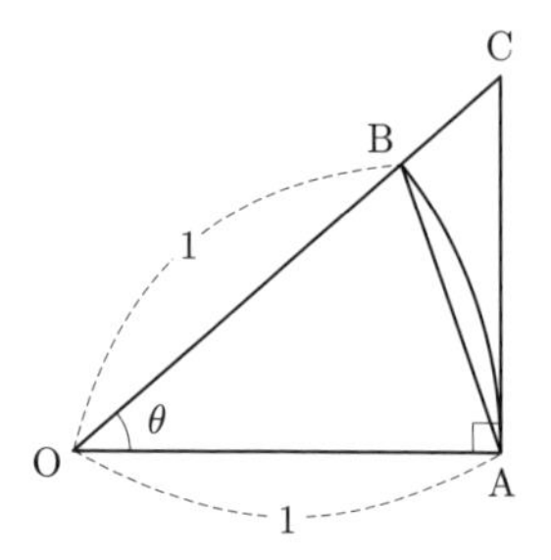

$$\triangle\mathrm{OAB}<\text{扇形 OAB}<\triangle\mathrm{OAC}$$

$$\frac{1}{2}\cdot 1^2\cdot\sin\theta<\frac{1}{2}\cdot 1^2\cdot\theta<\frac{1}{2}\cdot 1\cdot\tan\theta$$

$$\sin\theta<\theta<\tan\theta$$

が成り立つ。

また，$\theta=0$ のときは

$$\sin\theta=\tan\theta=0$$

したがって，$0\leqq\theta<\dfrac{\pi}{2}$ において

$$\sin\theta\leqq\theta\leqq\tan\theta$$

が成り立つ。

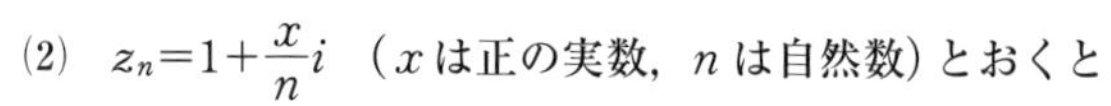

(2) $z_n=1+\dfrac{x}{n}i$ （x は正の実数，n は自然数）とおくと

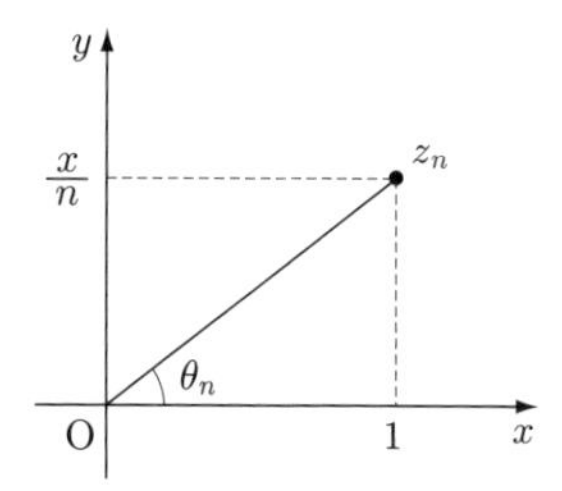

$$|z_n|=\sqrt{1+\left(\frac{x}{n}\right)^2},\ \arg z_n=\theta_n\quad\left(0<\theta_n<\frac{\pi}{2}\right)$$

であるから

$$z_n=\sqrt{1+\left(\frac{x}{n}\right)^2}(\cos\theta_n+i\sin\theta_n)$$

と表せる。

このとき

$$\cos\theta_n=\frac{1}{\sqrt{1+\left(\dfrac{x}{n}\right)^2}}=\frac{n}{\sqrt{n^2+x^2}}$$

$$\sin\theta_n=\frac{\frac{x}{n}}{\sqrt{1+\left(\frac{x}{n}\right)^2}}=\frac{x}{\sqrt{n^2+x^2}}$$

$$\tan\theta_n=\frac{x}{n}$$

であるから，(1)の不等式により

$$n\sin\theta_n\leqq n\theta_n\leqq n\tan\theta_n$$

$$\frac{nx}{\sqrt{n^2+x^2}}\leqq n\theta_n\leqq n\cdot\frac{x}{n}=x$$

ここで

$$\lim_{n\to\infty}\frac{nx}{\sqrt{n^2+x^2}}=\lim_{n\to\infty}\frac{x}{\sqrt{1+\left(\frac{x}{n}\right)^2}}=x$$

であるから，ハサミウチの原理により

$$\lim_{n\to\infty}n\theta_n=\boldsymbol{x}$$

である。

別解

$\tan\theta_n=\frac{x}{n}$ より，$n\to\infty$ のとき，$\tan\theta_n\to 0$ であり，

$0<\theta_n<\frac{\pi}{2}$ だから，$\theta_n\to 0$ である。

このとき

$$\lim_{n\to\infty}n\theta_n=\lim_{n\to\infty}n\tan\theta_n\cdot\frac{\theta_n}{\tan\theta_n}$$

$$=\lim_{\theta_n\to 0}\frac{x}{\frac{\tan\theta_n}{\theta_n}}=\boldsymbol{x}$$

である。

(3) ド・モアブルの定理より

$$\left(1+\frac{x}{n}i\right)^n$$

$$=\left\{\sqrt{1+\left(\frac{x}{n}\right)^2}(\cos\theta_n+i\sin\theta_n)\right\}^n$$

$$=\left(1+\frac{x^2}{n^2}\right)^{\frac{n}{2}}(\cos n\theta_n+i\sin n\theta_n)$$

ここで

$$\lim_{n\to\infty}\left(1+\frac{x^2}{n^2}\right)^{\frac{n}{2}}=\lim_{n\to\infty}\left\{\left(1+\frac{x^2}{n^2}\right)^{\frac{n^2}{x^2}}\right\}^{\frac{x^2}{2n}}$$

$$=e^0=1$$

であり，(2)より，$\lim_{n\to\infty} n\theta_n=x$ であるから

$$\lim_{n\to\infty}\left(1+\frac{x}{n}i\right)^n=\boldsymbol{\cos x+i\sin x}$$

である。

参考 オイラーの公式

指数の定義域を虚数にまで拡張して考えると

$$\lim_{n\to\infty}\left(1+\frac{x}{n}i\right)^n$$

$$=\lim_{n\to\infty}\left\{\left(1+\frac{x}{n}i\right)^{\frac{n}{xi}}\right\}^{ix}$$

$$=e^{ix}$$

となります。

これと(3)の結果を比較すると

$$\boldsymbol{e^{ix}=\cos x+i\sin x}$$

が成り立ちます。

これは三角関数と指数関数が虚数の世界では繋がっているというとても神秘的な公式です。

テーマ 21 漸化式と極限①

21 アプローチ

一般項の求められない漸化式

$a_{n+1}=f(a_n)$ $(n=1,\ 2,\ 3,\ \cdots\cdots)$

に対して極限 $\lim_{n\to\infty} a_n$ を求める一般的な**シナリオ**は，以下のようになります。

(**step 1**) $a_{n+1}=f(a_n)$ を変形して

$$|a_{n+1}-\alpha|=A_n|a_n-\alpha|$$

という等式を作ります。(ここで α は，$\{a_n\}$ の極限値となる定数です。)

(**step 2**) A_n を定数 r $(0<r<1)$ で評価して

$$|a_{n+1}-\alpha|=A_n|a_n-\alpha|$$
$$\leqq r|a_n-\alpha| \quad \cdots\cdots(*)$$

という不等式を作ります。

(**step 3**) $(*)$ を繰り返し用いて，ハサミウチの原理を利用します。

$$0\leqq|a_n-\alpha|\leqq r|a_{n-1}-\alpha|$$
$$\leqq r^2|a_{n-2}-\alpha|$$
$$\vdots$$
$$\leqq r^{n-1}|a_1-\alpha|\to 0 \quad (n\to\infty)$$

$$\lim_{n\to\infty}|a_n-\alpha|=0 \qquad \lim_{n\to\infty}a_n=\alpha$$

この問題では，(1)より $\{a_n\}$ が増加列であるから，(**step 2**) での A_n を $r=\frac{2-c}{2}$ で評価することができます。

解答

$$\begin{cases} a_{n+1}=\sqrt{f(a_n)}=\sqrt{4a_n-a_n{}^2} & (n=1,\ 2,\ 3,\ \cdots\cdots) \\ a_1=c & (0<c<2) \end{cases}$$

(1) まず，$0<a_n<2$ $(n=1,\ 2,\ \cdots\cdots)$ $\cdots\cdots(*)$ であることを数学的帰納法で示す。

(I) $n=1$ のとき

$a_1=c$ より

$0<a_1<2$

よって，$(*)$ は成立。

(II) $n=k$ のとき，$(*)$ を仮定すると

$0<a_k<2$

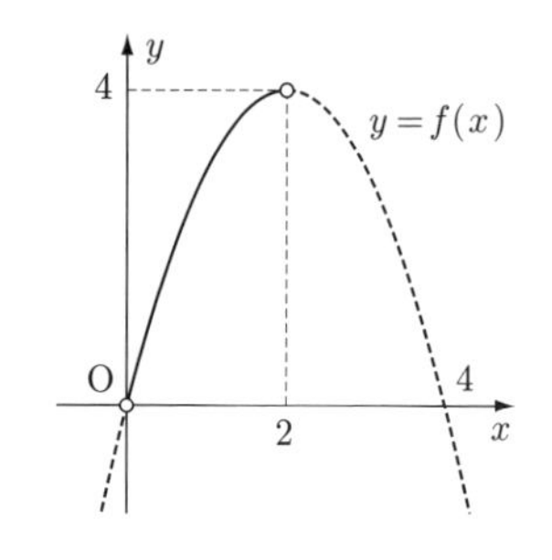

ここで，$0<x<2$ のとき

$$f(x)=-(x-2)^2+4$$

の範囲はグラフより

$$0<f(x)<4$$

$$0<\sqrt{f(x)}<2$$

$a_{k+1}=\sqrt{f(a_k)}$ より

$$0<a_{k+1}<2$$

となり，$n=k+1$ のときも(＊)は成り立つ。

以上，(I)(II)より，すべての自然数 n について

$$0<a_n<2$$

が成り立つ。

次に，$a_n<a_{n+1}$　($n=1,\ 2,\ \cdots\cdots$)を示す。

$$a_{n+1}{}^2-a_n{}^2=(4a_n-a_n{}^2)-a_n{}^2$$

$$=2a_n(2-a_n)>0$$

であるから

$$a_n{}^2<a_{n+1}{}^2$$

すなわち

$$a_n<a_{n+1}$$

が成り立つ。

(2)　漸化式より

$$2-a_{n+1}=2-\sqrt{4a_n-a_n{}^2}$$

$$=\frac{4-(4a_n-a_n{}^2)}{2+\sqrt{4a_n-a_n{}^2}}$$

$$=\frac{2-a_n}{2+\sqrt{4a_n-a_n{}^2}}(2-a_n)\quad\cdots\cdots①$$

(1)の結果より，$\{a_n\}$ は増加数列であるから

$$0<2-a_n<2-a_{n-1}<\cdots\cdots<2-a_1=2-c$$

また，$\sqrt{4a_n-a_n{}^2}>0$ であるから

$$\frac{2-a_n}{2+\sqrt{4a_n-a_n{}^2}}<\frac{2-c}{2}$$

と評価でき，①より

$$2-a_{n+1}<\frac{2-c}{2}(2-a_n)\quad\cdots\cdots②$$

が成り立つ。

(3)　②を繰り返し用いると，$n\geqq2$ のとき

$$0<2-a_n<\frac{2-c}{2}(2-a_{n-1})$$

$$<\left(\frac{2-c}{2}\right)^2(2-a_{n-2})$$
$$\vdots$$
$$<\left(\frac{2-c}{2}\right)^{n-1}(2-a_1)$$

が成り立ち，$0<c<2$ より，$0<\frac{2-c}{2}<1$ であるから

$$\lim_{n\to\infty}\left(\frac{2-c}{2}\right)^{n-1}=0$$

したがって，ハサミウチの原理により

$$\lim_{n\to\infty}(2-a_n)=0$$
$$\lim_{n\to\infty}a_n=\mathbf{2}$$

である。

参考 漸化式とグラフ

$a_{n+1}=\sqrt{4a_n-a_n{}^2}$ に対して

$$g(x)=\sqrt{f(x)}=\sqrt{4x-x^2}$$

とおくと

$$a_{n+1}=g(a_n)$$

と表せます。

このとき，$y=g(x)$ のグラフと直線 $y=x$ のグラフを利用して $\{a_n\}$ の値を調べることができます。

まず

$$y=g(x)=\sqrt{4x-x^2}$$
$$\iff y^2=4x-x^2 \text{ かつ } y\geqq 0$$
$$\iff (x-2)^2+y^2=4 \text{ かつ } y\geqq 0$$

なので，$y=g(x)$ のグラフは右のような半円になります。

$$a_2=g(a_1)$$
$$a_3=g(a_2)$$
$$a_4=g(a_3)$$
$$\vdots$$
$$a_{n+1}=g(a_n)$$

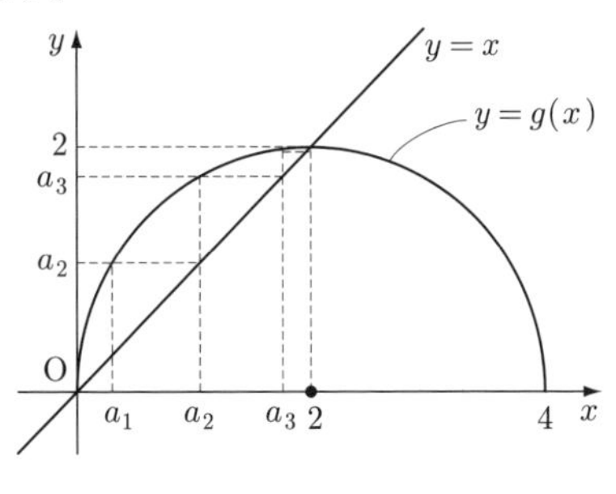

と，$\{a_n\}$ の値が決まるので，$y=g(x)$ のグラフを用いて「a_n から a_{n+1}」がわかり，$y=x$ のグラフを用いて「y 座標を x 座標に変換」することができます。

この操作を繰り返し行うと，a_n の値が 2 に近づくことが，グラフよりわかります。

テーマ 22 漸化式と極限②

22 アプローチ

一般項の求められない漸化式 $x_{n+1}=f(x_n)$ について極限 $\lim_{n\to\infty} x_n$ を求める問題としては 21 と同じです。21 では，関数 $f(x)$ を用いて

$$|x_{n+1}-\alpha| \leqq r|x_n-\alpha| \quad \cdots\cdots (*)$$

の形を作りましたが，関数 $f(x)$ が複雑になると，簡単には $(*)$ の形が作れません。

そのような場面では，**平均値の定理**が威力を発揮します。漸化式の極限計算においてバズーカ砲のような威力のある武器です。具体的には以下のようなシナリオになります。

$$x_{n+1}=f(x_n) \quad \cdots\cdots ①$$

$\lim_{n\to\infty} x_n=\alpha$ が存在するならば（あくまでも仮定）

$$\alpha=f(\alpha) \quad \cdots\cdots ②$$

を満たす。

①，②の辺々引くと

$$x_{n+1}-\alpha=f(x_n)-f(\alpha)$$

$$|x_{n+1}-\alpha|=|f(x_n)-f(\alpha)|$$

微分可能な関数 $f(x)$ に平均値の定理を用いると

$$f(x_n)-f(\alpha)=f'(c_n)(x_n-\alpha)$$

（ただし c_n は x_n と α の間の実数）

を満たす c_n が存在する。

$$\begin{aligned}|x_{n+1}-\alpha|&=|f(x_n)-f(\alpha)|\\&=|f'(c_n)||x_n-\alpha|\\&\leqq r|x_n-\alpha|\end{aligned}$$

（ただし r は $0<r<1$ を満たす実数）

これを繰り返し用いると

$$0\leqq|x_n-\alpha|\leqq r^{n-1}|x_1-\alpha|\to 0 \quad (n\to\infty)$$

ハサミウチの原理より

$$\lim_{n\to\infty}|x_n-\alpha|=0 \qquad \lim_{n\to\infty} x_n=\alpha$$

証明のポイントは，$|f'(c_n)|\leqq r \quad (0<r<1)$ と評価する部分にあります。

この問題では，(1)がヒントになっていますが，その結果を(2)で利用する際に

「すべての自然数 n について $x_n>\dfrac{1}{2}$ である」

ことを証明しておく必要性に気がつけるかどうかがポイントです。

解答

(1) $f(x)=\dfrac{1}{2}x\{1+e^{-2(x-1)}\}$ より

$$f'(x)=\frac{1}{2}+\frac{1}{2}e^{-2(x-1)}-xe^{-2(x-1)}$$

$$f''(x)=-e^{-2(x-1)}-e^{-2(x-1)}+2xe^{-2(x-1)}$$
$$=2(x-1)e^{-2(x-1)}$$

であるから，$f'(x)$ の増減は次のようになる。

x	$\frac{1}{2}$	$\cdots$	1	$\cdots$	(∞)
$f''(x)$		$-$	0	$+$	
$f'(x)$	$\left(\frac{1}{2}\right)$	↘	0	↗	$\left(\frac{1}{2}\right)$

$$\lim_{x\to\infty}f'(x)=\frac{1}{2}$$

増減表より

$x>\dfrac{1}{2}$ ならば，$0\leqq f'(x)<\dfrac{1}{2}$

が成り立つ。

(2) (1)より，$x>\dfrac{1}{2}$ のとき $f'(x)\geqq 0$ であるから，$f(x)$ は単調増加する。

これより，$x>\dfrac{1}{2}$ において

$$f(x)>f\left(\frac{1}{2}\right)=\frac{1+e}{4}>\frac{1}{2}$$

である。

このとき

$$\begin{cases} x_{n+1}=f(x_n) & \cdots\cdots① \quad (n=0,\ 1,\ 2,\ \cdots\cdots) \\ x_0>\dfrac{1}{2} \end{cases}$$

より

$x_n>\dfrac{1}{2}$ とすると，$x_{n+1}=f(x_n)>\dfrac{1}{2}$

であるから，帰納的に

$x_n>\dfrac{1}{2}$ $(n=0,\ 1,\ 2,\ \cdots\cdots)$

が成り立つ。

また，$f(1)=1$ ……② であるから，

①−② より

$$x_{n+1}-1=f(x_n)-f(1) \quad \cdots\cdots ③$$

$x_n \neq 1$ のとき，関数 $f(x)$ に対して平均値の定理を用いると

$$f(x_n)-f(1)=f'(c_n)(x_n-1) \quad \cdots\cdots ④$$

(ただし，c_n は x_n と 1 の間の実数)

を満たす c_n が存在する。

③，④より

$$x_{n+1}-1=f'(c_n)(x_n-1)$$

両辺の絶対値をとると

$$|x_{n+1}-1|=|f'(c_n)||x_n-1|$$

ここで，$x_n>\frac{1}{2}$ より $c_n>\frac{1}{2}$ であるから，(1)の結果より

$$|f'(c_n)|<\frac{1}{2}$$

が成り立ち

$$|x_{n+1}-1| \leqq \frac{1}{2}|x_n-1| \quad (n=0,\ 1,\ 2,\ \cdots\cdots)$$

と評価できる。これは $x_n=1$ のときも成り立つ。

これを繰り返し用いると

$$\begin{aligned} 0 \leqq |x_n-1| &\leqq \frac{1}{2}|x_{n-1}-1| \\ &\leqq \left(\frac{1}{2}\right)^2|x_{n-2}-1| \\ &\ \ \vdots \\ &\leqq \left(\frac{1}{2}\right)^n|x_0-1| \end{aligned}$$

ここで，$\displaystyle\lim_{n\to\infty}\left(\frac{1}{2}\right)^n|x_0-1|=0$ であるから，ハサミウチの原理により

$$\lim_{n\to\infty}|x_n-1|=0$$

すなわち

$$\lim_{n\to\infty}x_n=1$$

である。

参考

関数 $f(x)$ を一般化した形で考えると，次のようになります。

> k は定数で，$0<k<1$ とする。区間 $[a,\ b]$ で連続，区間 $(a,\ b)$ で微分可能な関数 $f(x)$ が，次の 2 つの条件(i)(ii)を満たしている。
>
> (i) $a \leqq x \leqq b \implies a<f(x)<b$
>
> (ii) $a<x<b \implies |f'(x)| \leqq k$
>
> 方程式 $x=f(x)$ は，区間 $(a,\ b)$ にただ 1 つの実数解をもち，その値を α とおくと，漸化式 $x_{n+1}=f(x_n)$ $(n=1,\ 2,\ 3,\ \cdots)$ で定められる数列 $\{x_n\}$ は，x_1 が区間 $[a,\ b]$ のどんな値であっても，つねに，α に収束する。

(証明)

まず，$F(x)=x-f(x)$ とおくと，$F(x)$ は区間 $[a,\ b]$ で連続であり，条件(i)より

$$\begin{cases} F(a)=a-f(a)<0 \\ F(b)=b-f(b)>0 \end{cases}$$

また，$F(x)$ は区間 $(a,\ b)$ で微分可能であるから，条件(ii)より

$$F'(x)=1-f'(x) \geqq 1-k>0$$

よって，$F(x)$ は区間 $[a,\ b]$ で単調増加する。

以上より，$F(x)=0$，すなわち，$x=f(x)$ は

区間 $(a,\ b)$ にただ 1 つの実数解 α をもつ

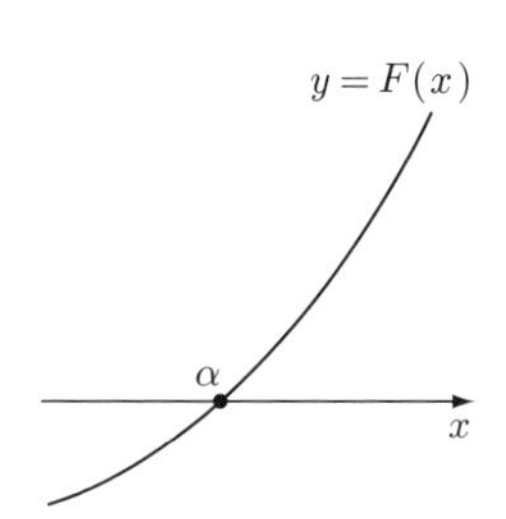

このとき

$$x_{n+1}=f(x_n) \quad \cdots\cdots ①$$

に対して

$$\alpha=f(\alpha) \quad \cdots\cdots ②$$

であるから，①−② より

$$x_{n+1}-\alpha=f(x_n)-f(\alpha) \quad \cdots\cdots ③$$

が成り立つ。

$x_n \neq \alpha$ のとき，$f(x)$ について平均値の定理を用いると

$$f(x_n)-f(\alpha)=f'(c_n)(x_n-\alpha) \quad (c_n \text{ は } x_n \text{ と } \alpha \text{ の間にある実数})$$

を満たす c_n が存在する。

$a \leqq x_n \leqq b$ を仮定すると，条件(i)より $a \leqq x_{n+1} \leqq b$ であるから，$a \leqq x_1 \leqq b$ と合わせると，帰納的に

$$a \leqq x_n \leqq b$$

が成り立つ。これより $a<c_n<b$ となり，条件(ii)より $|f'(c_n)| \leqq k$ であるから

$$|f(x_n)-f(\alpha)|=|f'(c_n)||x_n-\alpha| \leqq k|x_n-\alpha| \quad \cdots\cdots ④$$

と評価できる。これは $x_n=\alpha$ でも成り立つ。③，④より

$$|x_{n+1}-\alpha| \leqq k|x_n-\alpha|$$

これを繰り返し用いると

$$\begin{aligned} 0 \leqq |x_n-\alpha| &\leqq k|x_{n-1}-\alpha| \\ &\leqq k^2|x_{n-2}-\alpha| \\ &\quad \vdots \\ &\leqq k^{n-1}|x_1-\alpha| \end{aligned}$$

$0<k<1$ より，$k^{n-1} \to 0$ $(n \to \infty)$ であるから，x_1 の値によらず

$$\lim_{n \to \infty} k^{n-1}|x_1-\alpha|=0$$

である。ハサミウチの原理により

$$\lim_{n \to \infty} |x_n-\alpha|=0$$

すなわち，$\lim_{n \to \infty} x_n=\alpha$ である。

テーマ 23 グラフの共有点の極限

23 アプローチ

グラフの共有点の x 座標は，方程式の実数解に対応しますが，その方程式が解けるとは限りません。

その場合でも，実数解を不等式で評価して，解の極限すなわちグラフの共有点の極限を求められる場合があります。

この問題では，指数関数のグラフと円の共有点ですから，指数関数と 2 次関数を含む方程式になるので一般には解くことはできません。

そこで，(1)の不等式を利用して指数関数を 1 次関数で評価すると，p_n についての 2 次不等式が得られるというわけです。

一般に指数関数，対数関数を 1 次式で評価する場合，接線を利用することができます。(接線による 1 次近似)

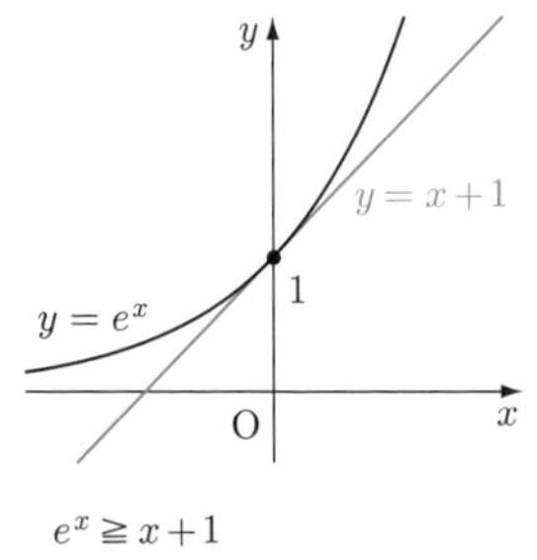

$e^x \geqq x+1$
(等号は $x=0$ で成立)

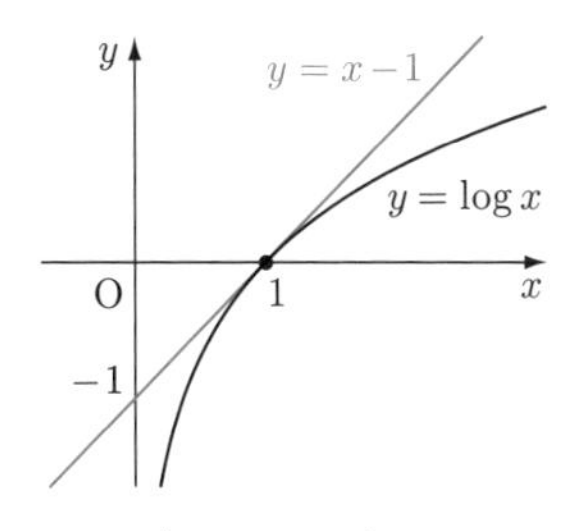

$\log x \leqq x-1$
(等号は $x=1$ で成立)

解答

(1) $f(x)=e^{nx}-1-nx$ とおくと

$$f'(x)=ne^{nx}-n$$
$$=n(e^{nx}-1)$$

n は自然数であり，$x \geqq 0$ であるから，$f'(x) \geqq 0$

これより，$f(x)$ は単調増加するので

$x \geqq 0$ のとき，$f(x) \geqq f(0)=0$

したがって

$x \geqq 0$ のとき，$e^{nx}-1 \geqq nx$

が成り立つ。

別解

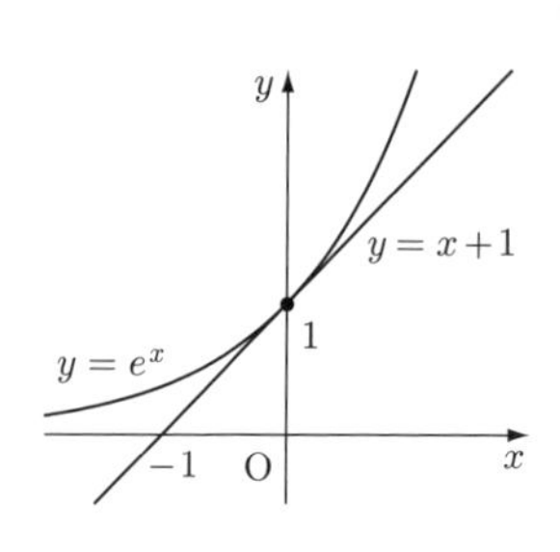

$y=e^x$ 上の点 $(0,\ 1)$ における接線は

$$y=x+1$$

$y=e^x$ のグラフは下に凸であるから

$$e^x \geqq x+1 \quad (\text{等号は } x=0 \text{ で成立})$$

が成り立つ。

これより

$$e^{nx} \geqq nx+1 \iff e^{nx}-1 \geqq nx$$

が成り立つ。

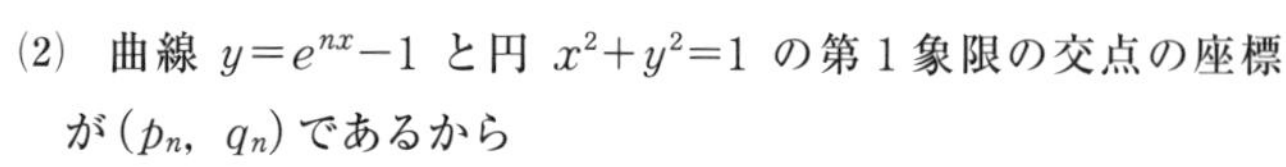

(2) 曲線 $y=e^{nx}-1$ と円 $x^2+y^2=1$ の第1象限の交点の座標が $(p_n,\ q_n)$ であるから

$$\begin{cases} q_n=e^{np_n}-1 & \cdots\cdots① \\ {p_n}^2+{q_n}^2=1 & \cdots\cdots② \end{cases} \quad (p_n>0,\ q_n>0)$$

①, ②より, q_n を消去すると

$${p_n}^2+(e^{np_n}-1)^2=1 \quad \cdots\cdots③$$

ここで, (1)より

$$e^{np_n}-1 \geqq np_n>0 \quad \cdots\cdots④$$

であるから, ③, ④より

$${p_n}^2+(np_n)^2 \leqq 1$$

$${p_n}^2 \leqq \frac{1}{n^2+1}$$

すなわち

$$0<p_n \leqq \frac{1}{\sqrt{n^2+1}} \to 0 \quad (n\to\infty)$$

よって, ハサミウチの原理により

$$\lim_{n\to\infty} p_n=0$$

である。

別解

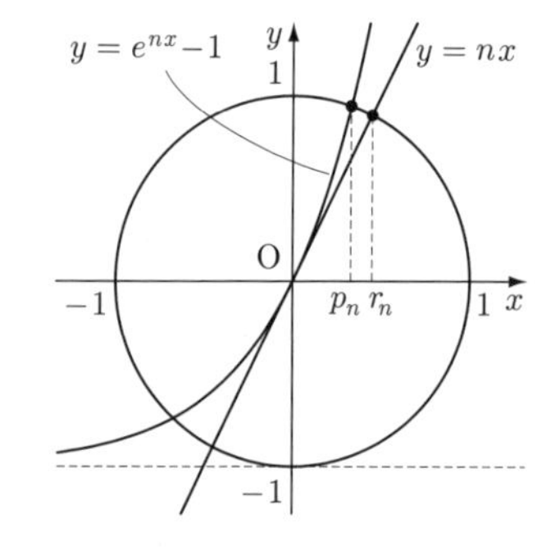

$y=e^{nx}-1$ 上の原点における接線は

$$y=nx$$

これと円 $x^2+y^2=1$ との第1象限の交点の x 座標を r_n とおくと

$${r_n}^2+(nr_n)^2=1 \qquad r_n=\frac{1}{\sqrt{n^2+1}}$$

ここで，$y=e^{nx}-1$ のグラフは下に凸であるから

$$0<p_n<r_n=\frac{1}{\sqrt{n^2+1}}\to 0 \quad (n\to\infty)$$

よって，ハサミウチの原理により，$\lim_{n\to\infty} p_n=0$ である。

(3) $q_n>0$ であるから，②より

$$q_n=\sqrt{1-p_n{}^2}\to 1 \quad (n\to\infty)$$

さらに，①より

$$e^{np_n}=q_n+1$$

$$np_n=\log(q_n+1)\to\log 2 \quad (n\to\infty)$$

以上より

$$\boldsymbol{\lim_{n\to\infty} q_n=1,\ \lim_{n\to\infty} np_n=\log 2}$$

である。

(4)

$$S_n=p_nq_n$$

$$T_n=\int_0^{p_n}(e^{nx}-1)\,dx$$

$$=\left[\frac{e^{nx}}{n}-x\right]_0^{p_n}$$

$$=\frac{1}{n}(e^{np_n}-1)-p_n$$

$$=\frac{1}{n}q_n-p_n$$

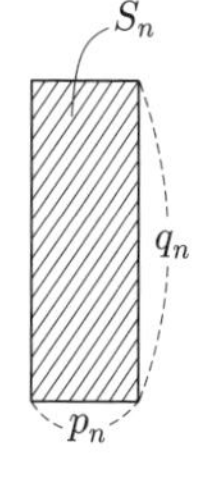

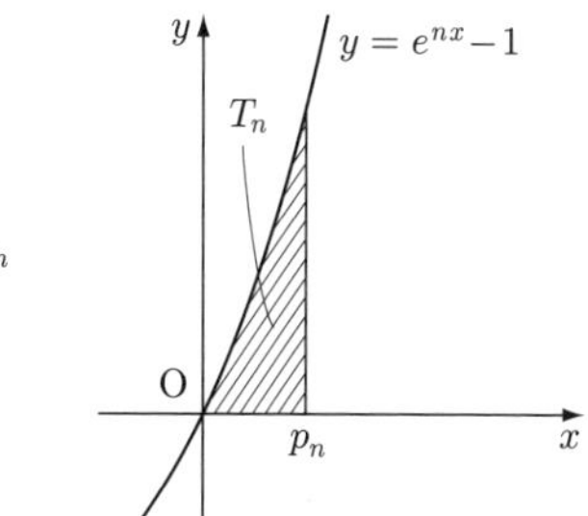

このとき

$$\frac{T_n}{S_n}=\frac{\frac{1}{n}q_n-p_n}{p_nq_n}$$

$$=\frac{1}{np_n}-\frac{1}{q_n}$$

であるから，(3)より

$$\lim_{n\to\infty}\frac{T_n}{S_n}=\boldsymbol{\frac{1}{\log 2}-1}$$

である。

テーマ 24 曲線に接する円の中心と極限

24 アプローチ

曲線の接線方向，法線方向のベクトルを利用して，円の中心 P_t をパラメータ表示します。

まず，$y=f(x)$ 上の点 $P(t,\ f(t))$ における接線方向のベクトルは

$$\vec{v}=(1,\ f'(t))$$

と表せます。それに垂直な法線方向のベクトルは

$$\vec{n}=(f'(t),\ -1) \text{ または } (-f'(t),\ 1)$$

となります。これは $\vec{v}$ を $\pm 90^\circ$ 回転したベクトルです。

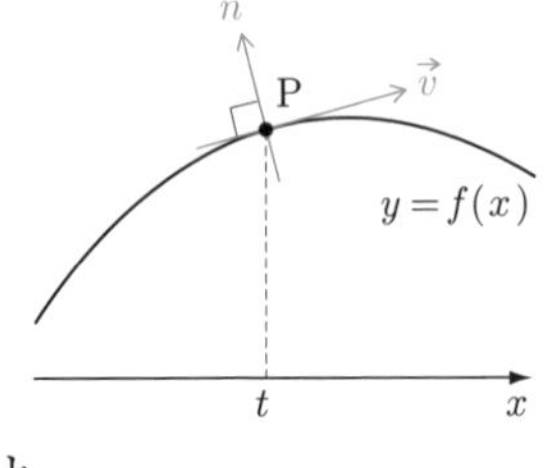

曲線に接する円の中心 P_t は，接点を P，円の半径を r とすると

$$\overrightarrow{PP_t}\,/\!/\,\vec{n} \text{ かつ } |\overrightarrow{PP_t}|=r$$

ですから，$\vec{n}$ を $\overrightarrow{PP_t}$ と同じ向きにとれば

$$\overrightarrow{PP_t}=r\frac{\vec{n}}{|\vec{n}|}$$

と表せます。

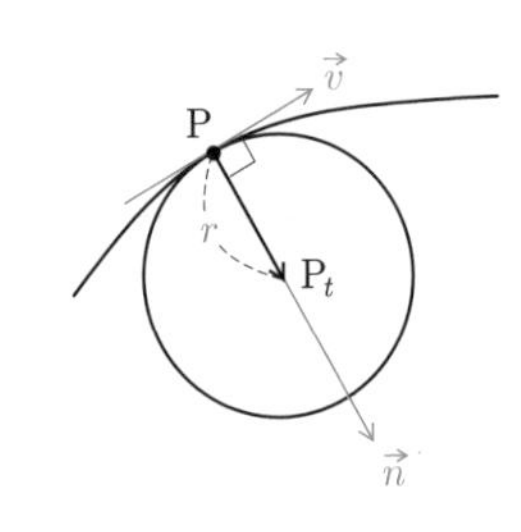

解答

$y=\log x$ より，$y'=\dfrac{1}{x}$

曲線 C 上の点 $P(t,\ \log t)$ における接線の方向ベクトルは

$$\vec{v}=(t,\ 1)$$

であり，$\vec{v}$ を $\dfrac{\pi}{2}$ 回転した法線の方向ベクトルは

$$\vec{n}=(-1,\ t)$$

と表せる。

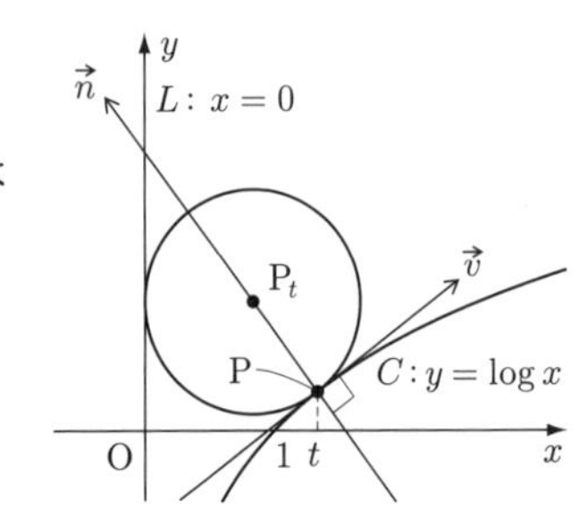

円の中心を $P_t(x,\ y)$ とし，円の半径を r とおくと

$$\begin{aligned}\overrightarrow{OP_t}&=\overrightarrow{OP}+\overrightarrow{PP_t}\\&=\overrightarrow{OP}+r\frac{\vec{n}}{|\vec{n}|}\\&=(t,\ \log t)+\frac{r}{\sqrt{1+t^2}}(-1,\ t)\end{aligned}$$

$$\begin{cases} x=t-\dfrac{r}{\sqrt{1+t^2}} & \cdots\cdots① \\ y=\log t+\dfrac{rt}{\sqrt{1+t^2}} & \cdots\cdots② \end{cases}$$

と表せる。

円がLと接することより

$$x=r \quad \cdots\cdots③$$

①，③よりrを消去して

$$t-\frac{x}{\sqrt{1+t^2}}=x$$

$$\frac{\sqrt{1+t^2}+1}{\sqrt{1+t^2}}x=t$$

$$x=\frac{t\sqrt{1+t^2}}{\sqrt{1+t^2}+1} \quad \cdots\cdots④$$

②に代入して

$$y=\log t+\frac{t}{\sqrt{1+t^2}}\cdot\frac{t\sqrt{1+t^2}}{\sqrt{1+t^2}+1}$$

$$=\log t+\frac{t^2}{\sqrt{1+t^2}+1}$$

$$=\log t+\sqrt{1+t^2}-1 \quad \cdots\cdots⑤$$

④，⑤より

$$\frac{f(t)}{g(t)}=\frac{x}{y}$$

$$=\frac{t\sqrt{1+t^2}}{\sqrt{1+t^2}+1}\cdot\frac{1}{\log t+\sqrt{1+t^2}-1}$$

である。

(i)　$t\to 0$ のとき

$$\sqrt{1+t^2}\to 1,\ \log t\to -\infty$$

であるから

$$\lim_{t\to 0}\frac{f(t)}{g(t)}=\mathbf{0}$$

(ii)　$t\to +\infty$ のとき

$$\sqrt{1+t^2}\to \infty,\ \log t\to \infty$$

であるから

$$\frac{f(t)}{g(t)}=\frac{t\sqrt{1+t^2}}{\sqrt{1+t^2}+1}\cdot\frac{1}{\log t+\sqrt{1+t^2}-1}$$

$$=\frac{\sqrt{\frac{1}{t^2}+1}}{\left(\sqrt{\frac{1}{t^2}+1}+\frac{1}{t}\right)\left(\frac{\log t}{t}+\sqrt{\frac{1}{t^2}+1}-\frac{1}{t}\right)}$$

ここで，$\lim_{t\to\infty}\frac{\log t}{t}=0$ であるから

$$\lim_{t\to+\infty}\frac{f(t)}{g(t)}=\frac{1}{1\cdot 1}=\mathbf{1}$$

である。

〈補足〉 $\lim_{t\to\infty}\frac{\log t}{t}=0$ の証明について

$y=\log x$ は $x>0$ において上に凸であり，点$(1,\ 0)$における接線は $y=x-1$ なので，$x>0$ において

$$\log x \leqq x-1$$

(等号は $x=1$ で成立)

が成り立ちます。

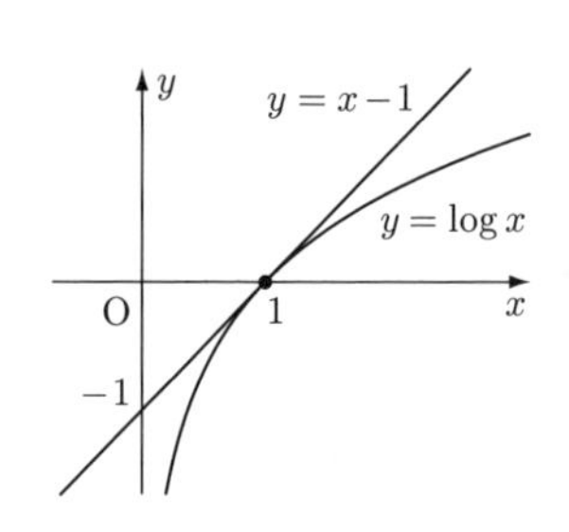

$x=\sqrt{t}$ とおくと

$$\log\sqrt{t} \leqq \sqrt{t}-1<\sqrt{t}$$

$$\log t<2\sqrt{t}$$

と評価できるので，$t>1$ のとき

$$0<\frac{\log t}{t}<\frac{2\sqrt{t}}{t}=\frac{2}{\sqrt{t}}$$

が成り立ちます。

$\lim_{t\to\infty}\frac{2}{\sqrt{t}}=0$ なので，ハサミウチの原理により

$$\lim_{t\to\infty}\frac{\log t}{t}=0$$

が成り立ちます。

テーマ 25 グラフの共有点の個数

25 アプローチ

曲線 $y=\cos\left(\sqrt{\frac{\pi}{2}}x\right)$ と円 $x^2+y^2=r^2$ の共有点の個数は，2つのグラフを比較しても正確に判定することができません。

そこで，2つのグラフから y を消去した x の方程式を考えます。

パラメータが分離された方程式 $F(x)=r^2$ の実数解の個数は，曲線 $y=F(x)$ と直線 $y=r^2$ の共有点の個数に帰着されます。

グラフの共有点の個数

数式化 ↓↑ **視覚化**

方程式の実数解の個数

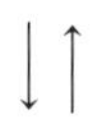

パラメータ分離

解答

$$\begin{cases} 円：x^2+y^2=r^2 & \cdots\cdots① \\ 曲線：y=\cos\left(\sqrt{\frac{\pi}{2}}x\right) & \cdots\cdots② \end{cases}$$

①，②を連立して

$$x^2+\cos^2\left(\sqrt{\frac{\pi}{2}}x\right)=r^2$$

ここで，$\sqrt{\frac{\pi}{2}}x=t$ とおくと

$$\frac{2}{\pi}t^2+\cos^2 t=r^2 \quad \cdots\cdots③$$

このとき，円①と曲線②の共有点の個数 $N(r)$ は③を満たす実数 t の個数に等しい。

③の左辺を $f(t)$ とおくと

$$f(-t)=f(t)$$

より，$f(t)$ は偶関数であるから，$t\geqq 0$ において $f(t)$ の増減を調べればよい。

$$\begin{aligned} f'(t)&=\frac{4}{\pi}t+2\cos t\cdot(-\sin t) \\ &=\frac{4}{\pi}t-\sin 2t \end{aligned}$$

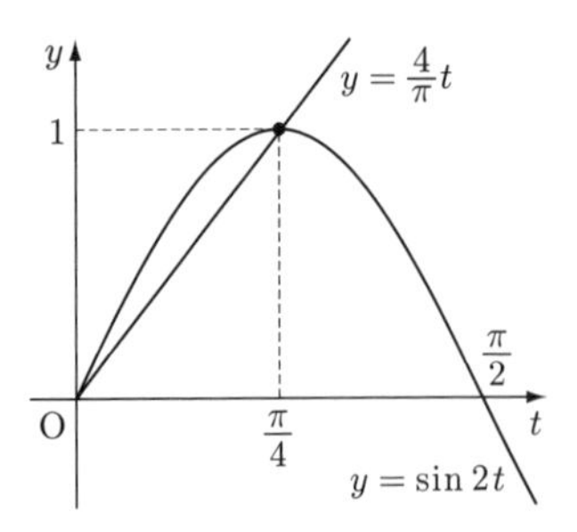

ここで，$y=\sin 2t$ は $0\leqq t\leqq\frac{\pi}{2}$ において上に凸であり，

$y=\frac{4}{\pi}t$ は 2 点 $(0,\ 0)$，$\left(\frac{\pi}{4},\ 1\right)$ を結ぶ直線であるから，グラフより

$$\begin{cases} 0\leqq t\leqq\frac{\pi}{4} \text{ のとき} & \frac{4}{\pi}t\leqq\sin 2t \\ t\geqq\frac{\pi}{4} \text{ のとき} & \sin 2t\leqq\frac{4}{\pi}t \end{cases}$$

これより，$t\geqq 0$ における $f(t)$ の増減は次のようになる。

t	0	$\cdots$	$\frac{\pi}{4}$	$\cdots$	(∞)
$f'(t)$	0	$-$	0	$+$	
$f(t)$	1	↘	$\frac{\pi}{8}+\frac{1}{2}$	↗	(∞)

対称性より，$y=f(t)$ のグラフは次のようになる。

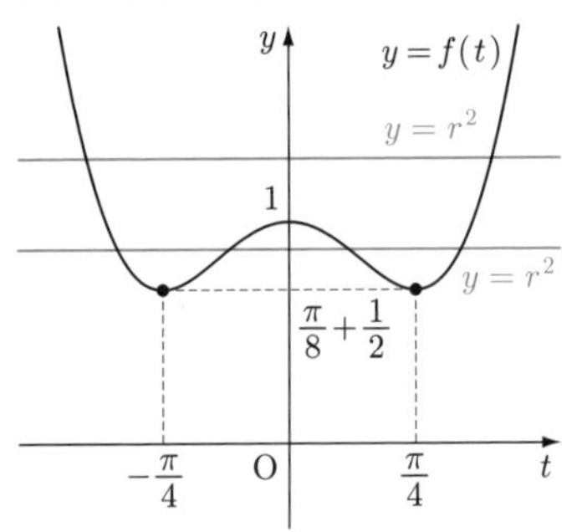

t の方程式③の実数解の個数は，2 つのグラフ

$y=f(t)$ と $y=r^2$

の共有点の個数に等しい。

したがって，個数 $N(r)$ はグラフより

$$N(r)=\begin{cases} 0 & \left(0<r<\sqrt{\dfrac{\pi}{8}+\dfrac{1}{2}}\right) \\ 2 & \left(r=\sqrt{\dfrac{\pi}{8}+\dfrac{1}{2}}\right) \\ 4 & \left(\sqrt{\dfrac{\pi}{8}+\dfrac{1}{2}}<r<1\right) \\ 3 & (r=1) \\ 2 & (r>1) \end{cases}$$

である。

テーマ 26 不等式の証明

26 アプローチ

不等式 $f(x)>g(x)$ を証明する場合，$F(x)=f(x)-g(x)$ とおき，$F(x)$ の増減を調べて，$F(x)>0$ を示すのが一般的な方法です。

しかし，今回の不等式で差をとると直接微分することができないので，証明すべき不等式を同値変形して，証明しやすい（計算しやすい）形に式変形しておくのがよいでしょう。

積，商，累乗などの形を含む数式に対しては，「対数をとる」

ことが定石です。

ただし，不等式を証明しやすい形に変形しなくても

$$\begin{cases} F_1(x)=\left(1+\dfrac{1}{x}\right)^x<e \\ F_2(x)=\left(1+\dfrac{1}{x}\right)^{x+\frac{1}{2}}>e \end{cases}$$

を証明するために，関数 $F_1(x)$，$F_2(x)$ の増減を調べる方法もあります。その際に対数微分をすることになります。

解答

$x>0$ において

$$\left(1+\frac{1}{x}\right)^x<e<\left(1+\frac{1}{x}\right)^{x+\frac{1}{2}} \quad \cdots\cdots ①$$

を証明する。

①の各辺について対数をとると

$$① \iff x\log\left(1+\frac{1}{x}\right)<1<\left(x+\frac{1}{2}\right)\log\left(1+\frac{1}{x}\right)$$

$$\iff \begin{cases} \log\left(1+\dfrac{1}{x}\right)<\dfrac{1}{x} \\ \text{かつ} \\ \log\left(1+\dfrac{1}{x}\right)>\dfrac{1}{x+\dfrac{1}{2}} \end{cases}$$

と変形でき，$\dfrac{1}{x}=t$ とおくと

$$\begin{cases} \log(1+t)<t \quad \cdots\cdots ② \\ \text{かつ} \\ \log(1+t)>\dfrac{1}{\dfrac{1}{t}+\dfrac{1}{2}}=\dfrac{2t}{t+2} \quad \cdots\cdots ③ \end{cases}$$

であるから，$t>0$ において②および③を証明すればよい。

(i)　②の証明

$$f(t)=t-\log(1+t)$$

とおくと

$$f'(t)=1-\frac{1}{1+t}=\frac{t}{1+t}>0$$

t	0	$\cdots$
$f'(t)$		$+$
$f(t)$	0	↗

増減表より，$t>0$ において，$f(t)>0$ である。

よって，②は成り立つ。

(ii)　③の証明

$$g(t)=\log(1+t)-\frac{2t}{t+2}$$

とおくと

$$g'(t)=\frac{1}{1+t}-\frac{2\{1\cdot(t+2)-t\cdot1\}}{(t+2)^2}$$

$$=\frac{1}{1+t}-\frac{4}{(t+2)^2}$$

$$=\frac{t^2}{(t+1)(t+2)^2}>0$$

t	0	$\cdots$
$g'(t)$		$+$
$g(t)$	0	↗

増減表より，$t>0$ において，$g(t)>0$ である。

よって，③は成り立つ。

以上，(i)(ii)より，①は成り立つ。

〈補足〉

②の不等式は指数，対数に関して基本的な評価の不等式です。

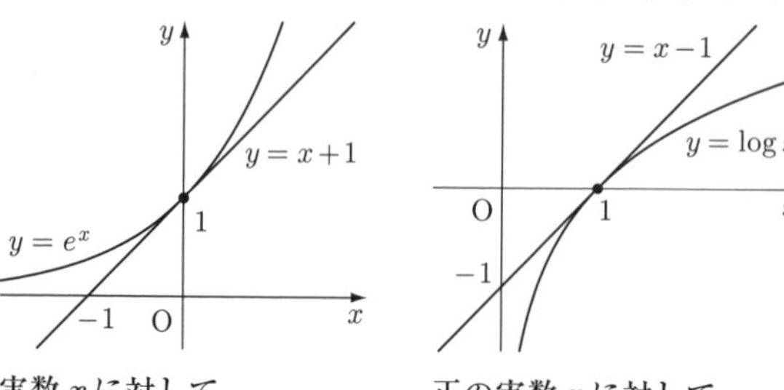

実数xに対して

$$e^x \geqq x+1$$

(等号は $x=0$ で成立)

正の実数xに対して

$$\log x \leqq x-1$$

(等号は $x=1$ で成立)

この評価を用いると，$t>0$ において

$$\log(1+t)<t$$

が成り立つことがわかります。

別解

$F_1(x)=\left(1+\dfrac{1}{x}\right)^x$，$F_2(x)=\left(1+\dfrac{1}{x}\right)^{x+\frac{1}{2}}$ とおき，$x>0$ において

$$F_1(x)<e<F_2(x) \quad \cdots\cdots①$$

を示す。

$F_1(x)>0$ より，対数をとると

$$\log F_1(x)=x\log\left(1+\frac{1}{x}\right)$$

$$=x\{\log(x+1)-\log x\}$$

であり，両辺をxで微分すると

$$\frac{F_1{}'(x)}{F_1(x)}=\log(x+1)-\log x+x\left(\frac{1}{x+1}-\frac{1}{x}\right)$$

$$=\log(x+1)-\log x-\frac{1}{x+1}$$

これを $G_1(x)$ とおくと

$$G_1{}'(x)=\frac{1}{x+1}-\frac{1}{x}+\frac{1}{(x+1)^2}$$

$$=\frac{-1}{x(x+1)^2}<0$$

これより，$G_1(x)$ は単調減少する。

$$\lim_{x\to\infty}G_1(x)=\lim_{x\to\infty}\left\{\log\left(1+\frac{1}{x}\right)-\frac{1}{x+1}\right\}$$

$$=0$$

であるから，$x>0$ において，$G_1(x)>0$

ここで，$F_1(x)>0$ より，$F_1'(x)>0$ となり，$F_1(x)$ は単調増加する。

$$\lim_{x\to\infty}F_1(x)=\lim_{x\to\infty}\left(1+\frac{1}{x}\right)^x$$
$$=e$$

であるから

$$F_1(x)<e$$

が成り立つ。

同様にして，$F_2(x)>0$ より，対数をとると

$$\log F_2(x)=\left(x+\frac{1}{2}\right)\log\left(1+\frac{1}{x}\right)$$
$$=\left(x+\frac{1}{2}\right)\{\log(x+1)-\log x\}$$

であり，両辺を x で微分すると

$$\frac{F_2'(x)}{F_2(x)}=\log(x+1)-\log x+\left(x+\frac{1}{2}\right)\left(\frac{1}{x+1}-\frac{1}{x}\right)$$
$$=\log(x+1)-\log x-\frac{2x+1}{2x(x+1)}$$

これを $G_2(x)$ とおくと

$$G_2'(x)=\frac{1}{x+1}-\frac{1}{x}-\frac{1}{2}\cdot\frac{2x(x+1)-(2x+1)^2}{\{x(x+1)\}^2}$$
$$=\frac{-1}{x(x+1)}-\frac{1}{2}\cdot\frac{-2x^2-2x-1}{x^2(x+1)^2}$$
$$=\frac{1}{2x^2(x+1)^2}>0$$

これより，$G_2(x)$ は単調増加する。

$$\lim_{x\to\infty}G_2(x)=\lim_{x\to\infty}\left\{\log\left(1+\frac{1}{x}\right)-\frac{2+\frac{1}{x}}{2(x+1)}\right\}$$
$$=0$$

であるから，$x>0$ において，$G_2(x)<0$

ここで，$F_2(x)>0$ より，$F_2'(x)<0$ となり，$F_2(x)$ は単調減少する。

$$\lim_{x\to\infty}F_2(x)=\lim_{x\to\infty}\left(1+\frac{1}{x}\right)^{x+\frac{1}{2}}$$
$$=\lim_{x\to\infty}\left(1+\frac{1}{x}\right)^x\cdot\left(1+\frac{1}{x}\right)^{\frac{1}{2}}$$
$$=e$$

であるから

$$F_2(x)>e$$

が成り立つ。

以上より，①は成立する。

参考

不等式の証明をするために，面積の大小を比較してみます。

まず，解答 の①の各辺について対数をとると

$$① \iff \frac{1}{x+\frac{1}{2}}<\log\left(1+\frac{1}{x}\right)<\frac{1}{x}$$

$$\iff \frac{1}{x+\frac{1}{2}}<\log(x+1)-\log x<\frac{1}{x} \quad \cdots\cdots ①'$$

と変形できます。

ここで，$y=\frac{1}{t}$ $(t>0)$ のグラフを考えると

$$\log(x+1)-\log x=\int_x^{x+1}\frac{1}{t}dt\ (=S_2)$$

および $\frac{1}{x+\frac{1}{2}}\ (=S_1)$ と $\frac{1}{x}\ (=S_3)$ は，それぞれ図の斜線部分の面積に対応します。

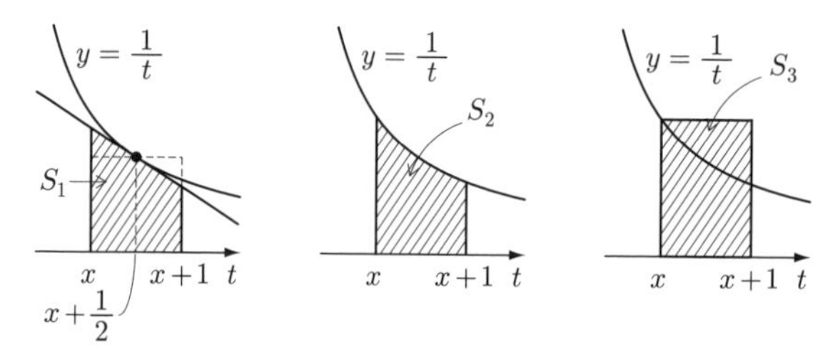

$y=\frac{1}{t}$ $(t>0)$ は単調減少で下に凸のグラフなので

$$S_1<S_2<S_3$$

となり，①′ が成り立つことがわかります。

テーマ 27 不等式の成立条件

27 アプローチ

不等式の成立条件に関する問題は，原則として**関数の最大・最小（もしくは上限・下限）**を求めることに帰着されます。

与えられた不等式について，「パラメータ k を分離するのかどうか」

x，y に関する 2 変数関数について，「変数 x，y を 1 つずつ動かすのか」または「2 つの変数 x，y を 1 つにまとめられるのか」

という点が解法選択のポイントになります。

今回の不等式は **x，y に関する同次式**になっているので，$\dfrac{y}{x}$ または $\dfrac{x}{y}$ の形を作ると **2 つの変数を 1 つにまとめる**ことができます。

解答

$x>0$，$y>0$ において

$$\sqrt{x}+\sqrt{y} \leqq k\sqrt{2x+y} \quad \cdots\cdots ①$$

が成り立つような k の値の範囲を求める。

$$① \iff k \geqq \frac{\sqrt{x}+\sqrt{y}}{\sqrt{2x+y}}$$

$$= \frac{1+\sqrt{\dfrac{y}{x}}}{\sqrt{2+\dfrac{y}{x}}}$$

分母，分子を $\sqrt{x}$ で割る

ここで，$\sqrt{\dfrac{y}{x}}=t$ とおくと

$$k \geqq \frac{1+t}{\sqrt{2+t^2}} \quad \cdots\cdots ②$$

x，y がすべての正の実数を動くとき，t もすべての正の実数を動くから

「$t>0$ において②が成り立つ」 ……(＊)

ような k の値の範囲を求めればよい。

$$f(t)=\frac{1+t}{\sqrt{2+t^2}} \quad (t>0)$$

とおくと

$$f'(t)=\frac{\sqrt{2+t^2}-(1+t)\cdot\dfrac{2t}{2\sqrt{2+t^2}}}{2+t^2}$$

$$=\frac{(2+t^2)-t(1+t)}{(2+t^2)\sqrt{2+t^2}}$$

$$=\frac{2-t}{(2+t^2)\sqrt{2+t^2}}$$

　このとき，$f(t)$ の増減は次のようになる。

t	0	$\cdots$	2	$\cdots$	(∞)
$f'(t)$		$+$	0	$-$	
$f(t)$	$\left(\dfrac{\sqrt{2}}{2}\right)$	↗	$\dfrac{\sqrt{6}}{2}$	↘	(1)

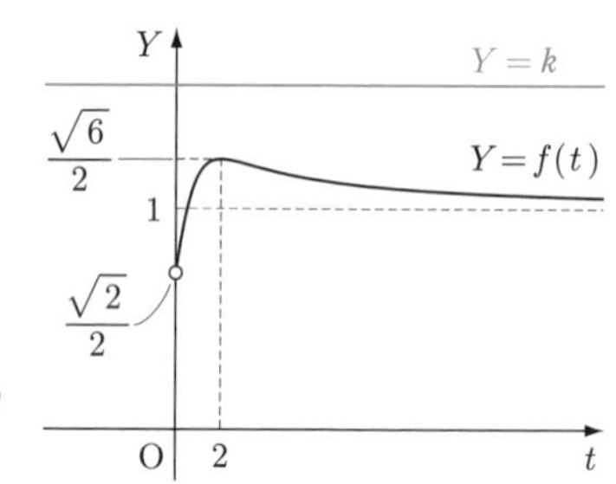

　$Y=f(t)$ のグラフより，$(*)$ が成り立つような k の値の範囲は

$$k \geqq \frac{\sqrt{6}}{2}$$

であるから，求める k の最小値は $\boldsymbol{\dfrac{\sqrt{6}}{2}}$ である。

別解

$$\sqrt{x}+\sqrt{y} \leqq k\sqrt{2x+y} \quad \cdots\cdots①$$

　①より，$k>0$ であることが必要。

　このもとで

$$① \iff (\sqrt{x}+\sqrt{y})^2 \leqq k^2(2x+y)$$

であり，両辺を $x\,(>0)$ で割ると

$$\left(1+\sqrt{\frac{y}{x}}\right)^2 \leqq k^2\left(2+\frac{y}{x}\right)$$

　ここで，$\sqrt{\dfrac{y}{x}}=t$ とおくと

$$(1+t)^2 \leqq k^2(2+t^2)$$

$$(k^2-1)t^2-2t+2k^2-1 \geqq 0 \quad \cdots\cdots②$$

　x，y がすべての正の実数を動くとき，t もすべての正の実数を動くから

「すべての正の実数 x，y に対して①が成り立つ」

$\iff$「すべての正の実数 t に対して②が成り立つ」　$\cdots\cdots(**)$

ような k の最小値を求めればよい。

　ここで，②の左辺を $f(t)$ とおく。

(i)　$k^2-1<0$ のとき

十分大きい t の値に対して $f(t)<0$ となり，(＊＊)は不成立。

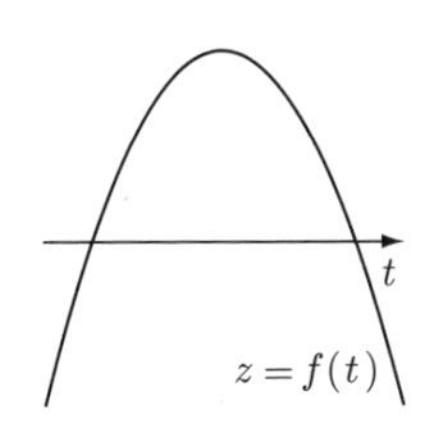

(ii)　$k^2-1=0$ のとき

$f(t)=-2t+1$ となり，(i)と同様に(＊＊)は不成立。

(iii)　$k^2-1>0$ のとき

$$z=f(t)=(k^2-1)t^2-2t+2k^2-1$$

の軸の位置について

$$t=\frac{1}{k^2-1}>0$$

であるから，(＊＊)となる条件は，$f(t)=0$ の判別式を D とすると

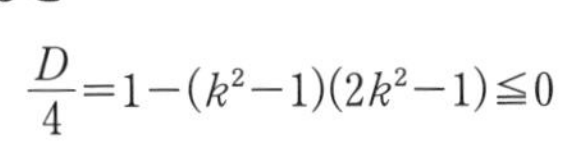

$$\frac{D}{4}=1-(k^2-1)(2k^2-1)\leqq 0$$

$$k^2(2k^2-3)\geqq 0$$

$k>0$ より，$k^2\geqq\frac{3}{2}$　　$k\geqq\sqrt{\frac{3}{2}}=\frac{\sqrt{6}}{2}$

このとき，$k^2-1>0$ である。

したがって，求める k の最小値は $\frac{\sqrt{6}}{2}$ である。

関数の最大・最小を求める手法の1つに

「不等式」＋「等号成立条件」

を利用する方法があります。

〈コーシー・シュワルツの不等式（2変数)〉

実数 a，b，x，y に対して

$$(a^2+b^2)(x^2+y^2)\geqq(ax+by)^2$$

が成り立つ。また，等号は

$$a:b=x:y \iff ay=bx$$

のとき成り立つ。

（証明）

$$左辺-右辺=(a^2+b^2)(x^2+y^2)-(ax+by)^2$$
$$=(ay-bx)^2\geqq 0$$

等号は，$ay=bx$ のとき成り立つ。

これは，$\vec{p}=(a,\ b)$，$\vec{q}=(x,\ y)$ とおくと，ベクトルの「大きさ」と「内積」についての不等式

$$|\vec{p}|^2|\vec{q}|^2 \geqq (\vec{p}\cdot\vec{q})^2$$

と同じものです。

まず，与えられた不等式を以下のように変形します。

$k>0$ のもとで

$$\sqrt{x}+\sqrt{y} \leqq k\sqrt{2x+y}$$

$$\iff (\sqrt{x}+\sqrt{y})^2 \leqq k^2(2x+y)$$

$$\iff k^2 \geqq \frac{(\sqrt{x}+\sqrt{y})^2}{2x+y} \quad \cdots\cdots ①$$

このとき，$f(x,\ y)=\dfrac{(\sqrt{x}+\sqrt{y})^2}{2x+y}$ $(x>0,\ y>0)$ の最大値を，コーシー・シュワルツの不等式を用いて求めることにします。

ここで，$2x+y$ と $(\sqrt{x}+\sqrt{y})^2$ に関する絶対不等式を考えると

$$\begin{cases} 2x+y=(\sqrt{2x})^2+(\sqrt{y})^2 \\ (\sqrt{x}+\sqrt{y})^2=\left(\dfrac{1}{\sqrt{2}}\cdot\sqrt{2x}+1\cdot\sqrt{y}\right)^2 \end{cases}$$

なので，$\vec{p}=(\sqrt{2x},\ \sqrt{y})$，$\vec{q}=\left(\dfrac{1}{\sqrt{2}},\ 1\right)$ とおくと

$$|\vec{p}|^2|\vec{q}|^2 \geqq (\vec{p}\cdot\vec{q})^2$$

$$\iff \{(\sqrt{2x})^2+(\sqrt{y})^2\}\left\{\left(\frac{1}{\sqrt{2}}\right)^2+1^2\right\} \geqq \left(\frac{1}{\sqrt{2}}\cdot\sqrt{2x}+1\cdot\sqrt{y}\right)^2$$

$$\iff \frac{3}{2}(2x+y) \geqq (\sqrt{x}+\sqrt{y})^2$$

$$\iff \frac{(\sqrt{x}+\sqrt{y})^2}{2x+y} \leqq \frac{3}{2}$$

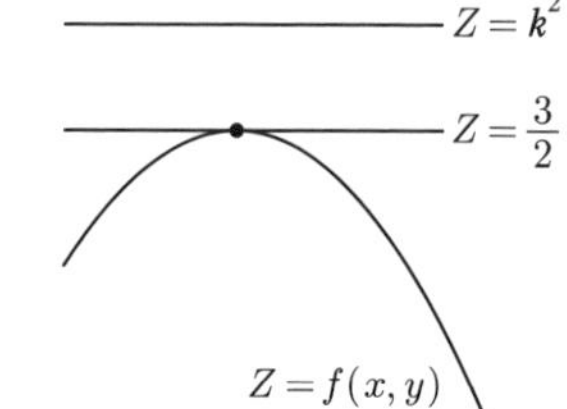

等号は，$\dfrac{1}{\sqrt{2}}:1=\sqrt{2x}:\sqrt{y}$ すなわち，$y=4x$ のとき成り立ちます。

したがって，$f(x,\ y)=\dfrac{(\sqrt{x}+\sqrt{y})^2}{2x+y}$ は $y=4x$ のとき最大値 $\dfrac{3}{2}$ をとります。

このとき，すべての正の実数 x，y に対して，①を満たす k の条件は，$k>0$ より

$$k^2 \geqq \frac{3}{2} \qquad k \geqq \sqrt{\frac{3}{2}}=\frac{\sqrt{6}}{2}$$

と求められます。

テーマ 28 大小比較

28 アプローチ

AとBの大小を比較する場合，いくつかの代表的な方法があります。

一般的な方法で比較するか，数式の特殊性を利用した方法で考えるのか，柔軟な判断力が求められます。

以下に挙げる（**方法 1**）〜（**方法 3**）が一般的な大小比較の方法で，（**方法 4**），（**方法 5**）などが数式の特殊性に着目した方法です。

（**方法 1**）　**AとBの差を調べる。**

$A-B$が 0 より大きいか小さいかを判定する。

（**方法 2**）　**AとBの比を調べる。**（$A>0$，$B>0$ のとき）

$\dfrac{A}{B}$が 1 より大きいか小さいかを判定する。

（**方法 3**）　$f(x)$が単調増加または単調減少のとき，**$f(A)$と$f(B)$の大小を調べる。**

（例）　$A>0$，$B>0$ のとき

$$A^2<B^2 \iff A<B$$

$$\log A<\log B \iff A<B$$

（**方法 4**）　**有名不等式を利用する。**

（例）　相加・相乗平均の不等式
　　　　コーシー・シュワルツの不等式
　　　　凸不等式

（**方法 5**）　**図形量に着目する。**

（例）　$0<a<b$ のとき，$y=\dfrac{1}{x}$ のグラフで図の面積の大小に着目して

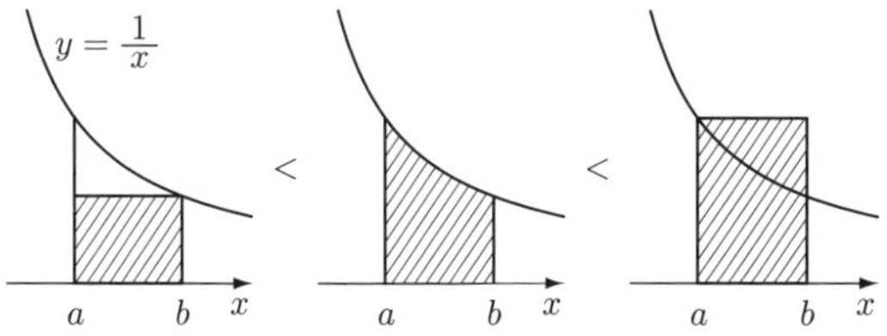

$$\iff \frac{1}{b}(b-a)<\int_a^b \frac{1}{x}\,dx<\frac{1}{a}(b-a)$$

$$\iff \frac{b-a}{b}<\log b-\log a<\frac{b-a}{a}$$

解答

条件より $A>0$, $B>0$ のもとで考える。

$$\frac{B}{A}=\frac{2^{p-1}(a^p+b^p)}{(a+b)^p}=\frac{2^{p-1}\left\{1+\left(\frac{b}{a}\right)^p\right\}}{\left(1+\frac{b}{a}\right)^p}$$

◀ A と B の比 $\frac{B}{A}$ を作ると分母と分子が a, b の同次式になります。

と変形し，$\frac{b}{a}=t$ とおくと，$a>0$, $b>0$ より

$$t>0$$

このとき

$$\frac{B}{A}=\frac{2^{p-1}(1+t^p)}{(1+t)^p}=f(t)$$

とおき，$t>0$ において $f(t)$ の増減を調べる。

$$\frac{f'(t)}{2^{p-1}}=\frac{pt^{p-1}(1+t)^p-(1+t^p)p(1+t)^{p-1}}{(1+t)^{2p}}$$

$$=\frac{p(1+t)^{p-1}(t^{p-1}-1)}{(1+t)^{2p}}$$

$\frac{p(1+t)^{p-1}}{(1+t)^{2p}}>0$ であるから，$t^{p-1}-1$ の符号を調べればよい。

このとき，$p-1$ の符号で場合分けする。

(i) $p>1$ のとき

増減表より，$t>0$ において

$f(t)\geqq f(1)=1$

$A\leqq B$ （等号は $t=1$ のとき成立）

t	0	…	1	…
$f'(t)$		$-$	0	$+$
$f(t)$		↘	1	↗

(ii) $p=1$ のとき

$t>0$ において $f(t)=1$

$A=B$

(iii) $0<p<1$ のとき

増減表より，$t>0$ において

$f(t)\leqq f(1)=1$

$A\geqq B$ （等号は $t=1$ のとき成立）

t	0	…	1	…
$f'(t)$		$+$	0	$-$
$f(t)$		↗	1	↘

等号成立条件について

$$t=1 \iff a=b$$

であるから，以上，(i)(ii)(iii)より

$$\begin{cases} p>1 \text{ かつ } a\neq b \text{ のとき } A<B \\ p=1 \text{ または } a=b \text{ のとき } A=B \\ 0<p<1 \text{ かつ } a\neq b \text{ のとき } A>B \end{cases}$$

である。

別解

$$A-B=(a+b)^p-2^{p-1}(a^p+b^p)$$

a, p を固定し，$b=x$ とおき，$A-B$ を x の関数と考える。

$$A-B=(x+a)^p-2^{p-1}(x^p+a^p)=g(x)$$

とおくと

$$g'(x)=p(x+a)^{p-1}-2^{p-1}\cdot px^{p-1}$$
$$=p\{(x+a)^{p-1}-(2x)^{p-1}\}$$

このとき，$p-1$ の符号で場合分けする。

(i) $p>1$ のとき

x	0	$\cdots$	a	$\cdots$
$g'(x)$		$+$	0	$-$
$g(x)$		↗	0	↘

y, $y=2x$, $y=x+a$, O, a, x

増減表より，$x>0$ において

$g(x) \leqq g(a)=0$

$A \leqq B$ （等号は $x=a$ のとき成立）

(ii) $p=1$ のとき

$x>0$ において $g(x)=0$

$A=B$

(iii) $0<p<1$ のとき

x	0	$\cdots$	a	$\cdots$
$g'(x)$		$-$	0	$+$
$g(x)$		↘	0	↗

増減表より，$x>0$ において

$g(x) \geqq g(a)=0$

$A \geqq B$ （等号は $x=a$ のとき成立）

以上，(i)(ii)(iii)より

$$\begin{cases} p>1 \text{ かつ } a \neq b \text{ のとき } A<B \\ p=1 \text{ または } a=b \text{ のとき } A=B \\ 0<p<1 \text{ かつ } a \neq b \text{ のとき } A>B \end{cases}$$

である。

〈補足〉

$A=(a+b)^p$ と $B=2^{p-1}(a^p+b^p)$ の大小比較をするために，$\dfrac{A}{2^p}=\left(\dfrac{a+b}{2}\right)^p$ と $\dfrac{B}{2^p}=\dfrac{a^p+b^p}{2}$ の大小を $y=x^p$ のグラフを利用して考えます。

(i) $p>1$ のとき

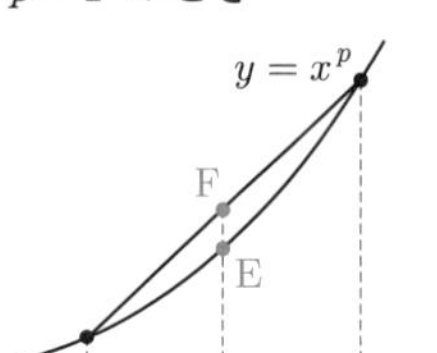

(ii) $p=1$ のとき

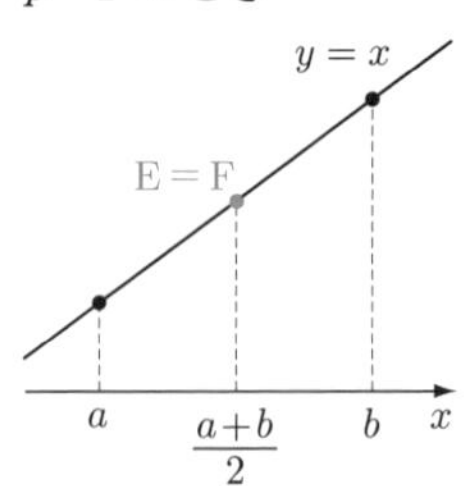

(iii) $0<p<1$ のとき

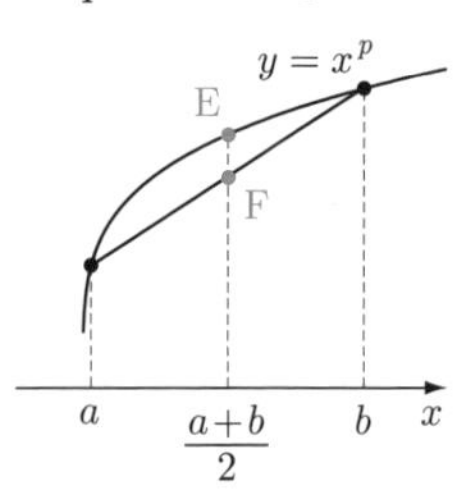

$$\text{点Eの}\ y\ \text{座標}=\left(\frac{a+b}{2}\right)^p=\frac{A}{2^p},\quad \text{点Fの}\ y\ \text{座標}=\frac{a^p+b^p}{2}=\frac{B}{2^p}$$

(i) $p>1$ のとき

　　$y=x^p$ のグラフは下に凸なので,

　　点Eの y 座標≦点Fの y 座標

$\Longleftrightarrow$ $A \leqq B$ （等号は $a=b$ のとき成立）

(ii) $p=1$ のとき

　　$y=x$ は直線なので,

　　点Eの y 座標＝点Fの y 座標

$\Longleftrightarrow$ $A=B$

(iii) $0<p<1$ のとき

　　$y=x^p$ のグラフは上に凸なので,

　　点Eの y 座標≧点Fの y 座標

$\Longleftrightarrow$ $A \geqq B$ （等号は $a=b$ のとき成立）

以下は解答と同じです。

参考 **凸不等式**（2変数の中点タイプ）

(I) $a \leqq x \leqq b$ において $f''(x)>0$ のとき

$y=f(x)$ のグラフは下に凸なので

$$\frac{f(a)+f(b)}{2} \geqq f\left(\frac{a+b}{2}\right)$$

が成り立ちます。

（等号は $a=b$ のとき成立）

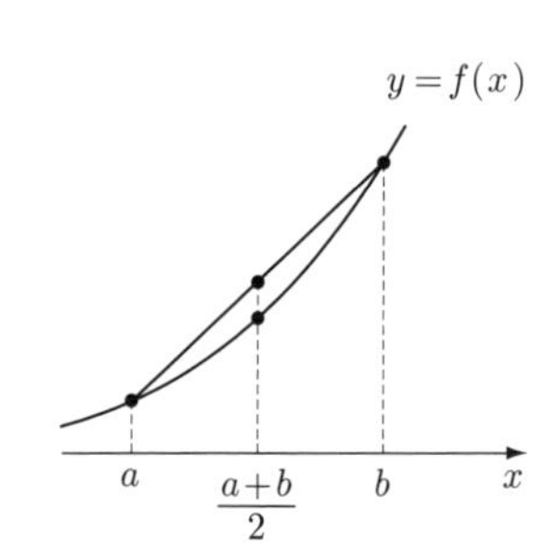

(II) $a \leqq x \leqq b$ において $g''(x)<0$ のとき

$y=g(x)$ のグラフは上に凸なので

$$\frac{g(a)+g(b)}{2} \leqq g\left(\frac{a+b}{2}\right)$$

が成り立ちます。

(等号は $a=b$ のとき成立)

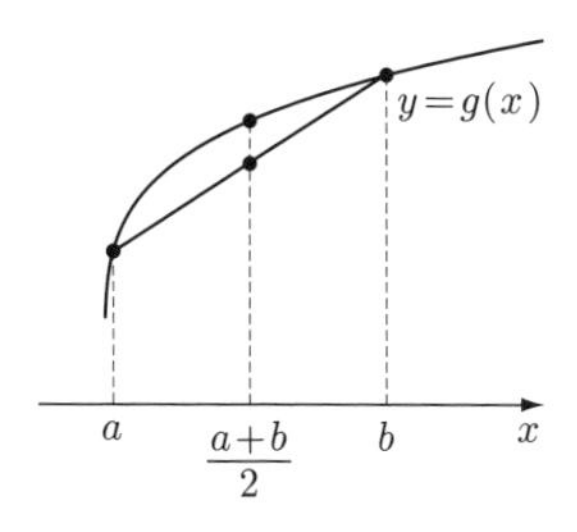

(具体例)

(1) $y=e^x$ のグラフは下に凸なので

$$\frac{e^a+e^b}{2} \geqq e^{\frac{a+b}{2}}$$ (等号は $a=b$ のとき成立)

(2) $y=\tan x$ $\left(0 \leqq x < \frac{\pi}{2}\right)$ のグラフは下に凸なので，$0 \leqq a < \frac{\pi}{2}$，$0 \leqq b < \frac{\pi}{2}$ において

$$\frac{\tan a+\tan b}{2} \geqq \tan\left(\frac{a+b}{2}\right)$$ (等号は $a=b$ のとき成立)

(3) $y=\log x$ $(x>0)$ のグラフは上に凸なので，$a>0$，$b>0$ において

$$\frac{\log a+\log b}{2} \leqq \log\left(\frac{a+b}{2}\right)$$ (等号は $a=b$ のとき成立)

(4) $y=\sin x$ $(0 \leqq x \leqq \pi)$ のグラフは上に凸なので，$0 \leqq a \leqq \pi$，$0 \leqq b \leqq \pi$ において

$$\frac{\sin a+\sin b}{2} \leqq \sin\left(\frac{a+b}{2}\right)$$ (等号は $a=b$ のとき成立)

テーマ 29 n 変数の不等式の証明

29 アプローチ

n 個の変数 x_1, x_2, ……, x_n に関する不等式の証明です。直接証明するのは難しいので，n に関する帰納法で証明します。

ある自然数 n で仮定して $n+1$ の場合を証明するとき，関数についての不等式の証明と見ることがポイントです。

また，直接証明するには，対数を1次式で評価してから和をとる方法などがあります。

対数関数を1次式で評価する場合は，23 と同様に接線近似を利用します。

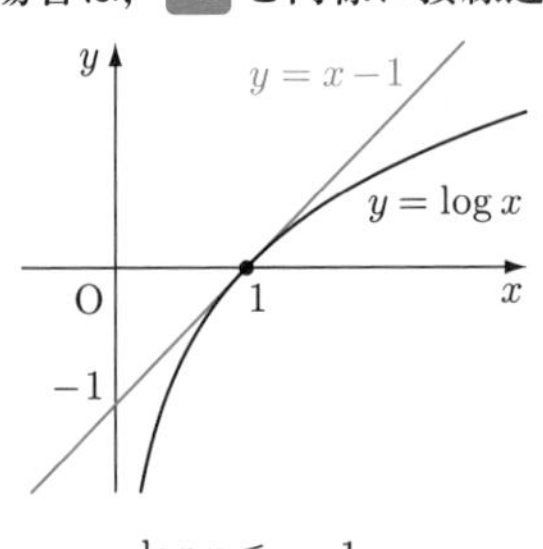

$\log x \leqq x-1$
(等号は $x=1$ で成立)

解答

$$x_1\log x_1+x_2\log x_2+\cdots\cdots+x_n\log x_n$$
$$\geqq(x_1+x_2+\cdots\cdots+x_n)\log\frac{x_1+x_2+\cdots\cdots+x_n}{n}\quad\cdots\cdots(*)$$

$(*)$ を数学的帰納法で示す。

(I) $n=1$ のとき

$$\text{左辺}=\text{右辺}=x_1\log x_1$$

となり，$(*)$ は成り立つ。

(II) ある自然数 n $(n\geqq1)$ で $(*)$ の成立を仮定する。すなわち

$$x_1\log x_1+x_2\log x_2+\cdots\cdots+x_n\log x_n$$
$$\geqq(x_1+x_2+\cdots\cdots+x_n)\log\frac{x_1+x_2+\cdots\cdots+x_n}{n}\quad\cdots\cdots①$$

◀ ある自然数 n とは「n を1つ固定する」という表記です。

が成り立つとする。このとき

$$x_1\log x_1+x_2\log x_2+\cdots\cdots+x_n\log x_n+x_{n+1}\log x_{n+1}$$
$$\geqq(x_1+x_2+\cdots\cdots+x_n+x_{n+1})$$
$$\times\log\frac{x_1+x_2+\cdots\cdots+x_n+x_{n+1}}{n+1}\quad\cdots\cdots②$$

を示せばよい。

x_{n+1} を x とおきかえ，左辺－右辺 を x の関数と考えて

$$f(x)=x_1\log x_1+x_2\log x_2+\cdots\cdots+x_n\log x_n+x\log x$$
$$-(k+x)\{\log(k+x)-\log(n+1)\}\quad(x>0)$$

◀ $k=\sum_{i=1}^{n}x_i$

とおく。このとき

$$f'(x)=\log x+1-\{\log(k+x)+1\}+\log(n+1)$$
$$=\log\frac{x(n+1)}{k+x}$$
$$=\log\left(1+\frac{nx-k}{x+k}\right)$$

ここで $f'(x)>0$ を解くと

$$1+\frac{nx-k}{x+k}>1 \iff nx-k>0 \iff x>\frac{k}{n}$$

であるから，$f(x)$ の増減は次のようになる。

x	0	$\cdots$	$\frac{k}{n}$	$\cdots$
$f'(x)$		$-$	0	$+$
$f(x)$		↘		↗

増減表より，$x=\frac{k}{n}$ のとき，$f(x)$ は最小となり，最小値は

$$f\left(\frac{k}{n}\right)=x_1\log x_1+\cdots\cdots+x_n\log x_n+\frac{k}{n}\log\frac{k}{n}$$
$$-\left(k+\frac{k}{n}\right)\left\{\log\left(k+\frac{k}{n}\right)-\log(n+1)\right\}$$
$$=x_1\log x_1+\cdots\cdots+x_n\log x_n-k\log\frac{k}{n}$$

このとき，①より，$f\left(\frac{k}{n}\right)\geqq 0$ であるから，$f(x)\geqq 0$ となり，

②は成り立つ。

以上，(I)(II)より，すべての自然数 n について (＊) は成り立つ。

別解

まず，$x>0$ のとき，$\log x\leqq x-1$ であることを示す。

$$f(x)=x-1-\log x$$

とおくと

$$f'(x)=1-\frac{1}{x}=\frac{x-1}{x}$$

x	0	$\cdots$	1	$\cdots$
$f'(x)$		$-$	0	$+$
$f(x)$		↘	0	↗

増減表より，$x>0$ のとき，$f(x)\geqq 0$

すなわち，$\log x \leqq x-1$ が成り立つ。

このとき，正の数 m，x_i に対して

$$\log\frac{m}{x_i}\leqq\frac{m}{x_i}-1$$

$$\Longleftrightarrow\ x_i(\log m-\log x_i)\leqq m-x_i$$

が成り立つから，$i=1,\ 2,\ \cdots\cdots,\ n$ を代入し，各辺ごとに加えると

$$\sum_{i=1}^{n}x_i(\log m-\log x_i)\leqq\sum_{i=1}^{n}(m-x_i)$$

$$\sum_{i=1}^{n}x_i\log x_i\geqq\log m\sum_{i=1}^{n}x_i-\sum_{i=1}^{n}(m-x_i)$$

このとき，$\displaystyle\sum_{i=1}^{n}x_i=k$ であり，$m=\dfrac{k}{n}$ とすると

$$\begin{aligned}\sum_{i=1}^{n}x_i\log x_i&\geqq\left(\log\frac{k}{n}\right)\cdot k-\sum_{i=1}^{n}\left(\frac{k}{n}-x_i\right)\\&=k\log\frac{k}{n}-(k-k)\\&=k\log\frac{k}{n}\end{aligned}$$

が成り立つ。

参考　凸不等式

(i)　$y=f(x)$ のグラフが下に凸 $\Longleftrightarrow$ $f''(x)>0$ であるとき

$$\frac{f(x_1)+f(x_2)+\cdots\cdots+f(x_n)}{n}\geqq f\left(\frac{x_1+x_2+\cdots\cdots+x_n}{n}\right)\quad(\text{ただし，}n\geqq 2)$$

（等号は $x_1=x_2=\cdots\cdots=x_n$ のとき成立）

が成り立ちます。

(ii)　$y=g(x)$ のグラフが上に凸 $\Longleftrightarrow$ $g''(x)<0$ であるとき

$$\frac{g(x_1)+g(x_2)+\cdots\cdots+g(x_n)}{n}\leqq g\left(\frac{x_1+x_2+\cdots\cdots+x_n}{n}\right)\quad(\text{ただし，}n\geqq 2)$$

（等号は $x_1=x_2=\cdots\cdots=x_n$ のとき成立）

が成り立ちます。

(i)の証明（$n\geqq 2$）

$y=f(x)$ の $x=p$ における接線は

$$y=f'(p)(x-p)+f(p)=h(x)$$

$f''(x)>0$ より，$y=f(x)$ のグラフは下に凸であるから，接線 $y=h(x)$ は曲線 $y=f(x)$ の下側にある。すなわち

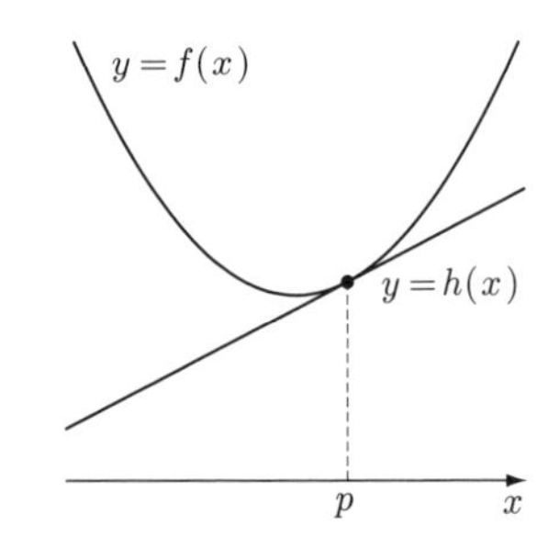

$$\begin{aligned}f(x)&\geqq h(x)\\&=f'(p)(x-p)+f(p)\quad\cdots\cdots(*)\end{aligned}$$

不等式の等号は $x=p$ のとき成り立つ。

実数 x_k $(k=1,\ 2,\ \cdots\cdots,\ n)$ および $p=\dfrac{1}{n}\sum_{k=1}^{n}x_k$ に対して，(*)の不等式を用いると

$$f(x_k) \geqq f(p)+f'(p)(x_k-p)$$

$k=1,\ 2,\ \cdots\cdots,\ n$ の場合について，各辺どうしすべて加えると

$$\sum_{k=1}^{n}f(x_k) \geqq \sum_{k=1}^{n}\{f(p)+f'(p)(x_k-p)\}$$
$$=nf(p)+f'(p)\sum_{k=1}^{n}x_k-npf'(p)$$
$$=nf(p)$$

等号は $x_k=p$ $(k=1,\ 2,\ \cdots\cdots,\ n)$ のとき，すなわち

$$x_1=x_2=\cdots\cdots=x_n$$

のとき，成り立つ。

したがって

$$\frac{f(x_1)+f(x_2)+\cdots\cdots+f(x_n)}{n} \geqq f\left(\frac{x_1+x_2+\cdots\cdots+x_n}{n}\right)$$

(等号は $x_1=x_2=\cdots\cdots=x_n$ のとき成立)

が成り立つ。

[(ii)の証明は(i)の証明で不等号の向きを逆にしたものになります。]

$f(x)=x\log x$ $(x>0)$ とおくと

$$f'(x)=\log x+1,\quad f''(x)=\frac{1}{x}>0$$

なので，$y=f(x)$ のグラフは下に凸になります。

このとき，n 変数 $x_1,\ x_2,\ \cdots\cdots,\ x_n$ に関する凸不等式により

$$\frac{f(x_1)+f(x_2)+\cdots\cdots+f(x_n)}{n} \geqq f\left(\frac{x_1+x_2+\cdots\cdots+x_n}{n}\right)$$

(等号は $x_1=x_2=\cdots\cdots=x_n$ のとき成立)

が成り立つので，$x_1+x_2+\cdots\cdots+x_n=k$ とおくと

$$\sum_{i=1}^{n}f(x_i) \geqq nf\left(\frac{k}{n}\right)$$
$$\iff \sum_{i=1}^{n}x_i\log x_i \geqq n\cdot\frac{k}{n}\log\frac{k}{n}$$
$$=k\log\frac{k}{n}$$

となり，**29** の不等式が成り立ちます。

これを解答にする場合は，n 変数に関する凸不等式の証明が必要であることは言うまでもありません。

テーマ 30 2円の和集合と共通部分

30 アプローチ

2円の和集合および共通部分の面積を求めるには，扇形に分割して中心角 θ を用います。

この問題では，変数として半径 r が与えられていますので，扇形の中心角 θ を設定して，r と θ の関係式を捉えておく必要があります。

また三角関数の増減を調べる際に，2回微分や3回微分をすることがありますが，

$$S''(\theta)\text{ の符号} \to S'(\theta)\text{ の増減} \to S'(\theta)\text{ の符号} \to S(\theta)\text{ の増減}$$

のように1つずつ調べることになります。

$$S=\frac{1}{2}r^2\theta-\frac{1}{2}r^2\sin\theta$$
$$=\frac{1}{2}r^2(\theta-\sin\theta)$$

解答

$\angle\mathrm{POO'}=\theta$ とおき，$\mathrm{OP}\perp\mathrm{O'P}$ より $0<\theta<\dfrac{\pi}{2}$ で考える。

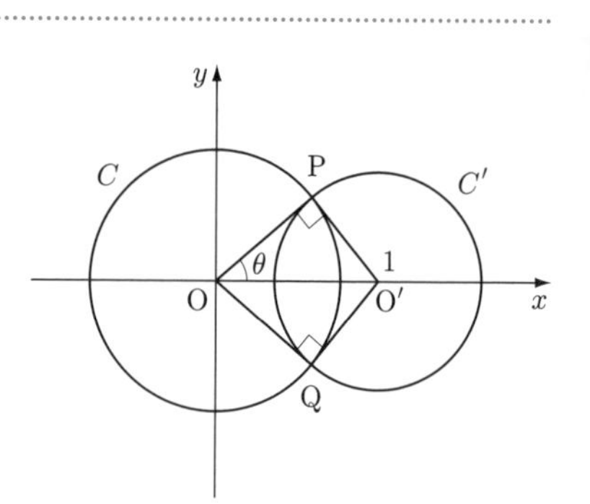

2円 C, C' の半径について，直角三角形 $\mathrm{OPO'}$ に着目すると

$$\mathrm{OP}=\mathrm{OO'}\cos\theta=\cos\theta$$
$$\mathrm{O'P}=\mathrm{OO'}\sin\theta=\sin\theta$$

このとき，四角形 $\mathrm{OPO'Q}$ の内部 D'' の面積を $S(D'')$ とすると

$$S(D'')=\mathrm{OP}\cdot\mathrm{O'P}$$
$$=\cos\theta\cdot\sin\theta=\frac{1}{2}\sin 2\theta$$

また，$D\cap D'$ の面積を $S(D\cap D')$ とすると

$$S(D\cap D')=\text{扇形 OPQ}+\text{扇形 O'PQ}-\text{四角形 OPO'Q}$$

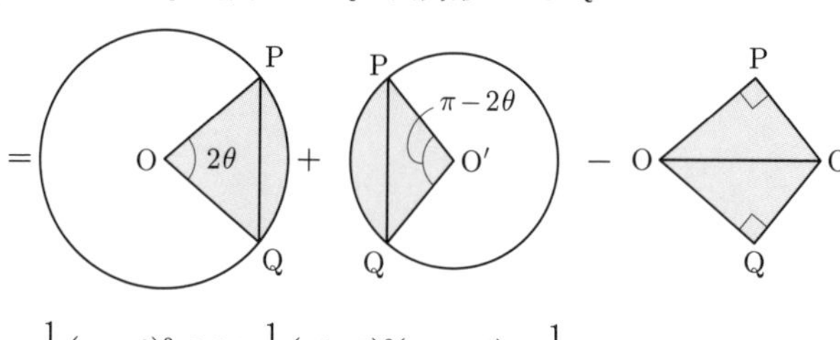

$$=\frac{1}{2}(\cos\theta)^2\cdot 2\theta+\frac{1}{2}(\sin\theta)^2(\pi-2\theta)-\frac{1}{2}\sin 2\theta$$

$$=\theta(\cos^2\theta-\sin^2\theta)+\frac{\pi}{2}\sin^2\theta-\frac{1}{2}\sin 2\theta$$

$$=\theta\cos 2\theta+\frac{\pi}{4}(1-\cos 2\theta)-\frac{1}{2}\sin 2\theta$$

$$=\left(\theta-\frac{\pi}{4}\right)\cos 2\theta-\frac{1}{2}\sin 2\theta+\frac{\pi}{4}$$

したがって，D'' から $D\cap D'$ を除いた部分の面積を $S(\theta)$ とすると

$$S(\theta)=S(D'')-S(D\cap D')$$

$$=\sin 2\theta-\left(\theta-\frac{\pi}{4}\right)\cos 2\theta-\frac{\pi}{4}$$

と表せるので，$0<\theta<\frac{\pi}{2}$ において $S(\theta)$ の増減を調べる。

$$S'(\theta)=2\cos 2\theta-\cos 2\theta+2\left(\theta-\frac{\pi}{4}\right)\sin 2\theta$$

$$=\cos 2\theta+2\left(\theta-\frac{\pi}{4}\right)\sin 2\theta$$

$$S''(\theta)=-2\sin 2\theta+2\sin 2\theta+4\left(\theta-\frac{\pi}{4}\right)\cos 2\theta$$

$$=4\left(\theta-\frac{\pi}{4}\right)\cos 2\theta$$

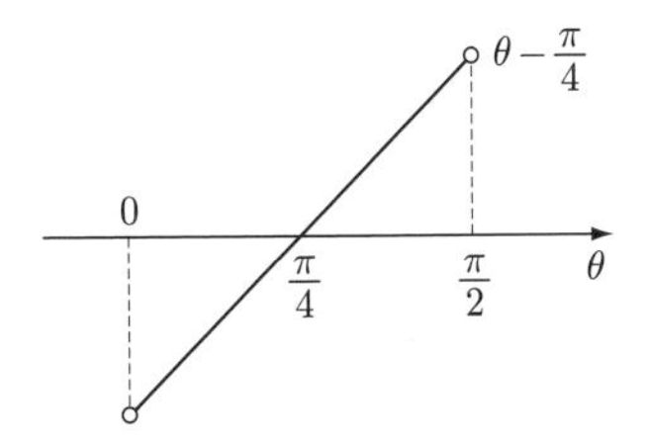

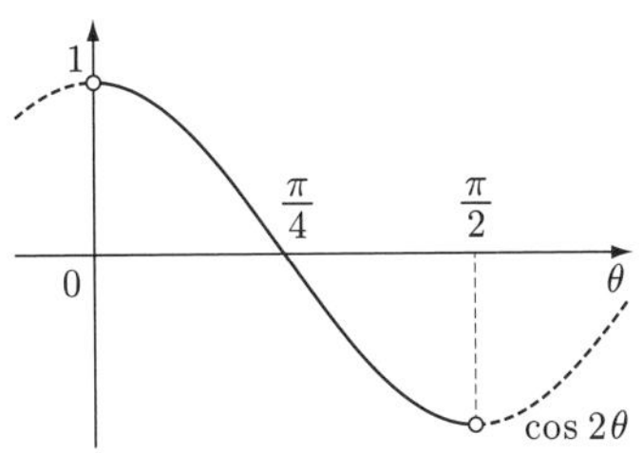

$\theta-\frac{\pi}{4}$ および $\cos 2\theta$ の符号はそれぞれグラフのようになるから，

$$S''(\theta)\leqq 0\quad\left(\text{等号は }\theta=\frac{\pi}{4}\text{ のとき成立}\right)$$

θ	0	$\cdots$	$\frac{\pi}{4}$	$\cdots$	$\frac{\pi}{2}$
$S''(\theta)$		$-$	0	$-$	
$S'(\theta)$		↘	0	↘	

これより，$S'(\theta)$ は $0<\theta<\frac{\pi}{2}$ において単調減少する。

さらに，$S'\left(\frac{\pi}{4}\right)=0$ であるから，$S'(\theta)$ の符号および $S(\theta)$ の増減は右のようになる。

θ	0	$\cdots$	$\frac{\pi}{4}$	$\cdots$	$\frac{\pi}{2}$
$S'(\theta)$		$+$	0	$-$	
$S(\theta)$		↗		↘	

増減表より $\theta=\frac{\pi}{4}$ のとき $S(\theta)$ は最大になり

$$\mathrm{Max}\,S(\theta)=S\left(\frac{\pi}{4}\right)=\mathbf{1-\frac{\pi}{4}}$$

である。

テーマ 31 正四角錐と球の表面積比

31 アプローチ

図形量の最大値・最小値を求める場合，原則として次の手順で行います。

(**step 1**) 変数を設定する。

①長さ ②角度 ③座標 ④ベクトル

(**step 2**) 条件および図形量の式を作る。

(**step 3**) 関数の増減を調べて，最大値・最小値を求める。

解答

正四角錐の頂点をPとし，底面の正方形ABCDの2辺AB, CDの中点をそれぞれM, N, さらにMNの中点をHとする。

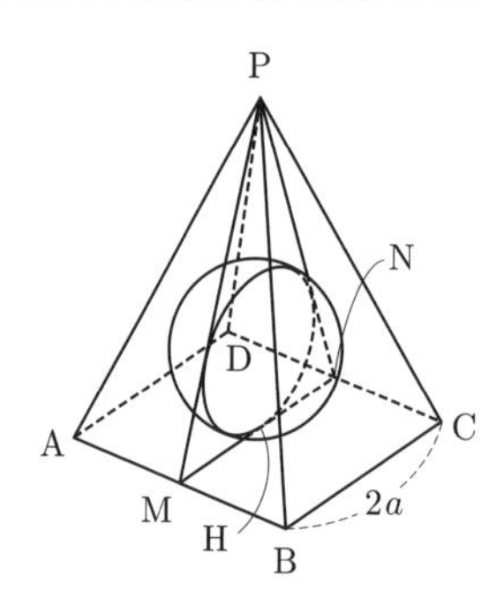

$MN=2a$, $PM=PN=b$, 球の半径を r とおくと，△PMHはPMを斜辺とする直角三角形で，$PM=b$, $MH=a$ より，$(0<)\ a<b$ となる。

$$PH=\sqrt{b^2-a^2}$$

だから

$$\triangle PMN=\frac{1}{2}MN\cdot PH$$
$$=\frac{1}{2}\cdot 2a\cdot\sqrt{b^2-a^2}$$
$$=a\sqrt{b^2-a^2}\quad \cdots\cdots①$$

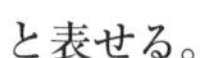
と表せる。

一方，球 S の半径 r は△PMNの内接円の半径に等しいので

$$\triangle PMN=\frac{1}{2}(2a+2b)\cdot r$$
$$=(a+b)r\quad \cdots\cdots②$$

と表せる。

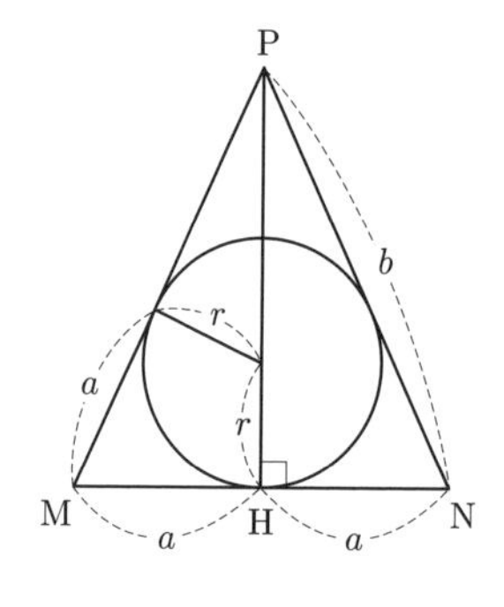

①，②より

$$a\sqrt{b^2-a^2}=(a+b)r$$
$$r=\frac{a\sqrt{b^2-a^2}}{a+b}$$

このとき

$$S\text{の表面積}=4\pi r^2$$
$$=\frac{4\pi a^2(b^2-a^2)}{(a+b)^2}$$

$$=\frac{4\pi a^2(b-a)}{a+b}$$

$$V\text{の表面積}=4\times\frac{1}{2}\cdot 2a\cdot b+4a^2$$

$$=4a(a+b)$$

であるから，S と V の表面積の比 R は

$$R=\frac{\pi a(b-a)}{(a+b)^2}=\frac{\pi\left(\frac{b}{a}-1\right)}{\left(1+\frac{b}{a}\right)^2}$$

◀ 分母，分子が a，b の 2 次同次式になります。

となる。

ここで，$\frac{b}{a}=t$ とおくと

$$0<a<b \iff t>1$$

であり

$$R=\frac{\pi(t-1)}{(1+t)^2}$$

と表せる。

このとき，$f(t)=\frac{t-1}{(1+t)^2}\quad(t>1)$ とおくと

$$f'(t)=\frac{(1+t)^2-(t-1)\cdot 2(1+t)}{(1+t)^4}$$

$$=\frac{3-t}{(1+t)^3}$$

より，$f(t)$ の増減は次のようになる。

t	1	$\cdots$	3	$\cdots$
$f'(t)$		$+$	0	$-$
$f(t)$		$\nearrow$	$\frac{1}{8}$	$\searrow$

増減表より，$t=3$ のとき $f(t)$ は最大となる。

したがって，R は最大値 $\boldsymbol{\frac{\pi}{8}}$ をとる。

別解 1

$R=\frac{S\text{の表面積}}{V\text{の表面積}}$ の最大値を求めるのに，正四角錐の底面を 1 辺の長さ 2 の正方形として考えても一般性を失わない。

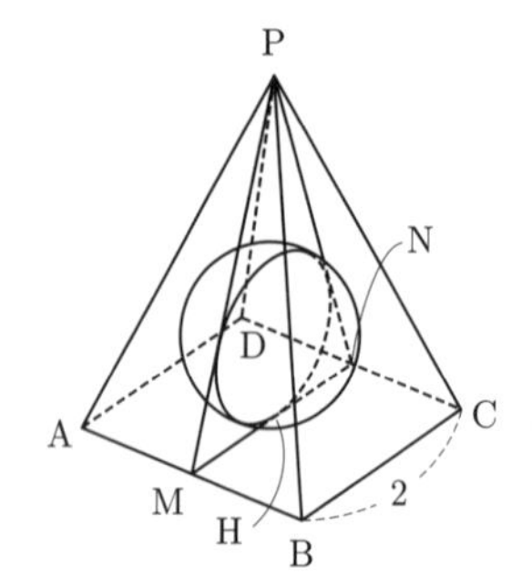

PM=PN=t (>1) とおくと

$$\mathrm{PH}=\sqrt{t^2-1}$$

だから

$$\triangle\mathrm{PMN}=\frac{1}{2}\cdot2\cdot\sqrt{t^2-1}$$
$$=\sqrt{t^2-1}$$

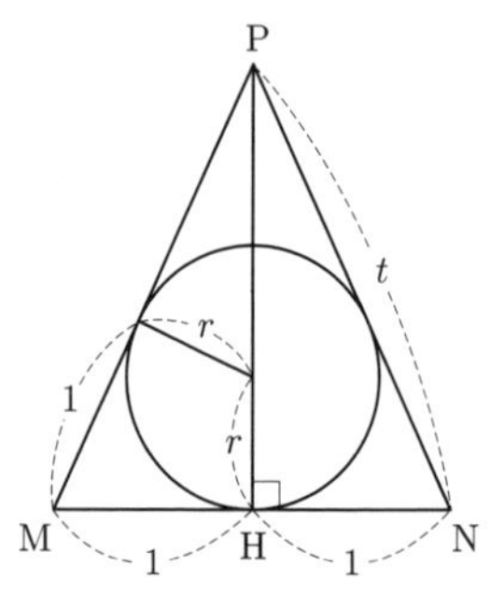

一方，球Sの半径rは△PMNの内接円の半径に等しいので

$$\triangle\mathrm{PMN}=\frac{1}{2}(2t+2)\cdot r$$
$$=(t+1)r$$

であるから

$$(t+1)r=\sqrt{t^2-1}$$
$$r=\frac{\sqrt{t^2-1}}{t+1}$$

このとき

$$S\text{の表面積}=4\pi r^2$$
$$=\frac{4\pi(t^2-1)}{(t+1)^2}$$
$$=\frac{4\pi(t-1)}{t+1}$$

$$V\text{の表面積}=4\times\frac{1}{2}\cdot2\cdot t+2^2$$
$$=4(t+1)$$

であるから

$$R=\frac{4\pi(t-1)}{t+1}\cdot\frac{1}{4(t+1)}$$
$$=\frac{\pi(t-1)}{(t+1)^2}$$

と表せる。

以下，解答と同様。

別解 2

別解 1と同様に，MN$=2$ として考える。

△PMN の内接円の中心をOとする。

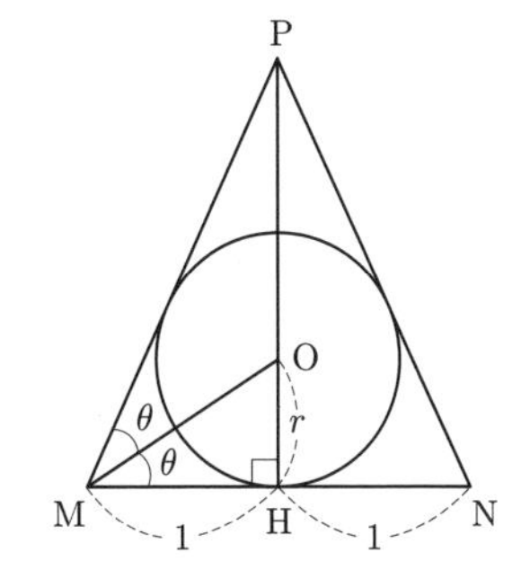

$\angle \mathrm{OMH}=\theta \quad \left(0<\theta<\dfrac{\pi}{4}\right)$ とおくと

$$r=\mathrm{OH}=\tan\theta$$

であり，$\angle \mathrm{PMH}=2\theta$ だから

$$\mathrm{PM}\cos 2\theta=1$$

$$\mathrm{PM}=\frac{1}{\cos 2\theta}$$

である。

このとき

$$S\text{ の表面積}=4\pi r^2$$
$$=4\pi\tan^2\theta$$

$$V\text{ の表面積}=4\times\frac{1}{2}\cdot 2\cdot\frac{1}{\cos 2\theta}+2^2$$
$$=4\left(\frac{1}{\cos 2\theta}+1\right)$$

と表せる。

ここで，$\tan\theta=t$ とおくと

$$\cos 2\theta=\cos^2\theta-\sin^2\theta$$
$$=\frac{\cos^2\theta-\sin^2\theta}{\cos^2\theta+\sin^2\theta}$$
$$=\frac{1-\tan^2\theta}{1+\tan^2\theta}$$
$$=\frac{1-t^2}{1+t^2}$$

であるから

$$R=\frac{4\pi t^2}{4\left(\dfrac{1+t^2}{1-t^2}+1\right)}$$
$$=\pi t^2\cdot\frac{1-t^2}{2}$$
$$=\frac{\pi}{2}\left\{-\left(t^2-\frac{1}{2}\right)^2+\frac{1}{4}\right\}$$

$0<\theta<\dfrac{\pi}{4}$ より，$0<\tan\theta<1$ だから，$0<t^2<1$ で考えると，

$t^2=\dfrac{1}{2}$ すなわち $\tan\theta=\dfrac{1}{\sqrt{2}}$ のとき，R は最大値 $\dfrac{\pi}{8}$ をとる。

テーマ 32 無限級数の和

32 アプローチ

$\lim\limits_{n\to\infty}\sum\limits_{k=1}^{n}f(k)$ の計算について，以下の 3 つが代表的な方法です。

（方法 1） 区分求積法

$$\lim_{n\to\infty}\frac{1}{n}\sum_{k=1}^{n}f\left(\frac{k}{n}\right)=\int_0^1 f(x)\,dx$$

$$\lim_{n\to\infty}\frac{b-a}{n}\sum_{k=1}^{n}f\left(a+\frac{b-a}{n}k\right)=\int_a^b f(x)\,dx$$

（方法 2） 和分を積分で評価

$f(x)$ が単調増加または単調減少のもとで $\sum\limits_{k=1}^{n}f(k)$ を $\int_a^b f(x)\,dx$ で評価する。

（方法 3） 和分を和分で評価

$f(k)$ と $g(k)$ の大小が判定できるとき，$\sum\limits_{k=1}^{n}f(k)$ を $\sum\limits_{k=1}^{n}g(k)$ で評価する。

この問題を通して，代表的な計算法を学んでおきましょう。

解答

(1)〈解 1〉 **a_n を定積分で評価する。**

$y=\dfrac{1}{\sqrt{x}}$ $(x>0)$ は単調減少であるから

$$\frac{1}{\sqrt{k}}>\int_k^{k+1}\frac{1}{\sqrt{x}}\,dx$$

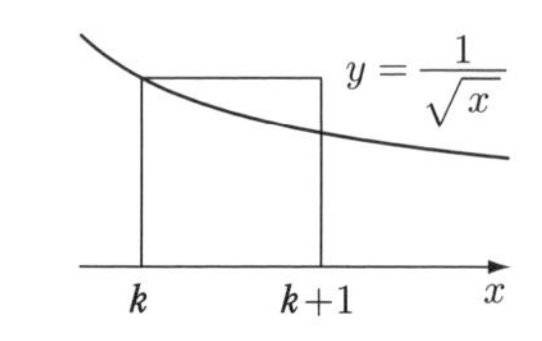

各辺どうし $k=1,\ 2,\ \cdots\cdots,\ n$ までの和をとると

$$\begin{aligned}a_n=\sum_{k=1}^{n}\frac{1}{\sqrt{k}}&>\int_1^{n+1}\frac{1}{\sqrt{x}}\,dx\\&=\Big[2\sqrt{x}\Big]_1^{n+1}\\&=2(\sqrt{n+1}-1)\\&\to\infty\quad(n\to\infty)\end{aligned}$$

したがって，$\lim\limits_{n\to\infty}a_n=\infty$ である。

〈解 2〉 **a_n を数列の和で評価する。**

自然数 k に対して

$$\frac{1}{\sqrt{k+1}+\sqrt{k}}<\frac{1}{2\sqrt{k}}$$

であるから

$$\frac{1}{\sqrt{k}} > \frac{2}{\sqrt{k+1}+\sqrt{k}}$$
$$= 2(\sqrt{k+1}-\sqrt{k})$$

各辺どうし $k=1,\ 2,\ \cdots\cdots,\ n$ までの和をとると

$$a_n = \sum_{k=1}^{n} \frac{1}{\sqrt{k}} > \sum_{k=1}^{n} 2(\sqrt{k+1}-\sqrt{k})$$
$$= 2(\sqrt{n+1}-1)$$
$$\to \infty \quad (n \to \infty)$$

したがって，$\lim_{n\to\infty} a_n = \infty$ である。

〈補足〉

非常にラフな評価をしても

$$a_n = 1 + \frac{1}{\sqrt{2}} + \frac{1}{\sqrt{3}} + \cdots\cdots + \frac{1}{\sqrt{n}}$$
$$\geqq \frac{1}{\sqrt{n}} + \frac{1}{\sqrt{n}} + \frac{1}{\sqrt{n}} + \cdots\cdots + \frac{1}{\sqrt{n}}$$
$$= \sqrt{n} \to \infty \quad (n \to \infty)$$

であることがわかります。

(2)　b_n を a_n で評価すると

$$b_n = \sum_{k=1}^{n} \frac{1}{\sqrt{2k+1}} < \sum_{k=1}^{n} \frac{1}{\sqrt{2k}}$$
$$= \frac{1}{\sqrt{2}} a_n \quad \cdots\cdots ①$$

$$b_n = \sum_{k=1}^{n} \frac{1}{\sqrt{2k+1}} > \sum_{k=1}^{n} \frac{1}{\sqrt{2(k+1)}}$$
$$= \sum_{l=2}^{n+1} \frac{1}{\sqrt{2l}}$$
$$> \sum_{l=2}^{n} \frac{1}{\sqrt{2l}} \quad (\text{ただし，} n \geqq 2)$$
$$= \frac{1}{\sqrt{2}}(a_n - 1) \quad \cdots\cdots ②$$

①，②より，$n \geqq 2$ のとき

$$\frac{1}{\sqrt{2}}(a_n-1) < b_n < \frac{1}{\sqrt{2}} a_n$$

であるから，両辺を a_n で割ると

$$\frac{1}{\sqrt{2}}\left(1-\frac{1}{a_n}\right) < \frac{b_n}{a_n} < \frac{1}{\sqrt{2}} \quad (\because \quad a_n > 0)$$

(1)の結果より，$\lim_{n\to\infty}\dfrac{1}{a_n}=0$ であるから，ハサミウチの原理により

$$\lim_{n\to\infty}\frac{b_n}{a_n}=\boldsymbol{\frac{1}{\sqrt{2}}}$$

である。

〈補足〉

$a_n=\sum_{k=1}^{n}\dfrac{1}{\sqrt{k}}$ は図の斜線部分の面積に等しいので，$f(x)=\dfrac{1}{\sqrt{x}}$ の定積分により，次のように評価できます。

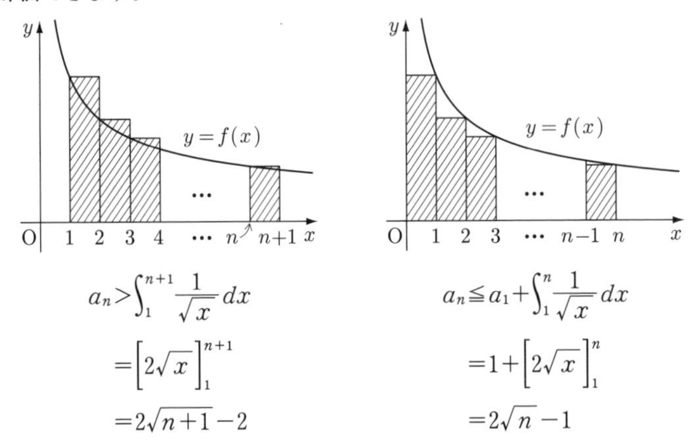

$$\begin{aligned} a_n &> \int_1^{n+1}\frac{1}{\sqrt{x}}\,dx \\ &= \Big[2\sqrt{x}\Big]_1^{n+1} \\ &= 2\sqrt{n+1}-2 \end{aligned}$$

$$\begin{aligned} a_n &\leqq a_1+\int_1^{n}\frac{1}{\sqrt{x}}\,dx \\ &= 1+\Big[2\sqrt{x}\Big]_1^{n} \\ &= 2\sqrt{n}-1 \end{aligned}$$

これより

$$0<2\sqrt{n+1}-2<a_n\leqq 2\sqrt{n}-1 \quad \cdots\cdots③$$

同様にして，$b_n=\sum_{k=1}^{n}\dfrac{1}{\sqrt{2k+1}}$ は図の斜線部分の面積に等しいので，$g(x)=\dfrac{1}{\sqrt{2x+1}}$ の定積分により，次のように評価できます。

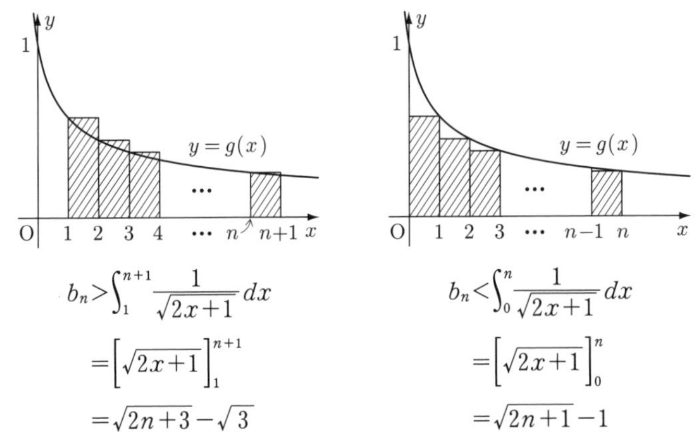

$$\begin{aligned} b_n &> \int_1^{n+1}\frac{1}{\sqrt{2x+1}}\,dx \\ &= \Big[\sqrt{2x+1}\Big]_1^{n+1} \\ &= \sqrt{2n+3}-\sqrt{3} \end{aligned}$$

$$\begin{aligned} b_n &< \int_0^{n}\frac{1}{\sqrt{2x+1}}\,dx \\ &= \Big[\sqrt{2x+1}\Big]_0^{n} \\ &= \sqrt{2n+1}-1 \end{aligned}$$

これより

$$\sqrt{2n+3}-\sqrt{3}<b_n<\sqrt{2n+1}-1 \quad \cdots\cdots ④$$

③，④より

$$\frac{\sqrt{2n+3}-\sqrt{3}}{2\sqrt{n}-1}<\frac{b_n}{a_n}<\frac{\sqrt{2n+1}-1}{2\sqrt{n+1}-2}$$

$$\lim_{n\to\infty}\frac{\sqrt{2n+3}-\sqrt{3}}{2\sqrt{n}-1}=\lim_{n\to\infty}\frac{\sqrt{2+\frac{3}{n}}-\sqrt{\frac{3}{n}}}{2-\frac{1}{\sqrt{n}}}=\frac{\sqrt{2}}{2}$$

$$\lim_{n\to\infty}\frac{\sqrt{2n+1}-1}{2\sqrt{n+1}-2}=\lim_{n\to\infty}\frac{\sqrt{2+\frac{1}{n}}-\frac{1}{\sqrt{n}}}{2\sqrt{1+\frac{1}{n}}-\frac{2}{\sqrt{n}}}=\frac{\sqrt{2}}{2}$$

であるから，ハサミウチの原理により

$$\lim_{n\to\infty}\frac{b_n}{a_n}=\frac{\sqrt{2}}{2}$$

と求められます。

テーマ 33 定積分の評価と数列の和

33 アプローチ

(1)は積分不等式の証明で，(2)は和分の評価です。

積分不等式の証明については，以下の手順で行うのが定石です。

(step 1) $a \leqq x \leqq b$ において

$$P(x) \leqq Q(x) \leqq R(x)$$

が成り立つことを示す。

(step 2) 各項を $a \leqq x \leqq b$ の範囲で積分すると

$$\int_a^b P(x)\,dx < \int_a^b Q(x)\,dx < \int_a^b R(x)\,dx$$

が成り立つ。

また，和分の計算および評価については，次のように計算します。

$$\sum_{k=n}^{m-1} \frac{1}{k(k+1)} = \sum_{k=n}^{m-1} \left(\frac{1}{k} - \frac{1}{k+1} \right) = \frac{1}{n} - \frac{1}{m} = \frac{m-n}{mn}$$

$$\sum_{k=n}^{m-1} \{\log(k+1) - \log k\} = \log m - \log n = \log \frac{m}{n}$$

$$\sum_{k=n}^{m-1} \frac{1}{k^2} > \sum_{k=n}^{m-1} \frac{1}{k(k+1)} = \frac{m-n}{mn}$$

$$\sum_{k=n}^{m-1} \frac{1}{k^2} > \int_n^m \frac{1}{x^2}\,dx = \left[-\frac{1}{x} \right]_n^m = \frac{1}{n} - \frac{1}{m} = \frac{m-n}{mn}$$

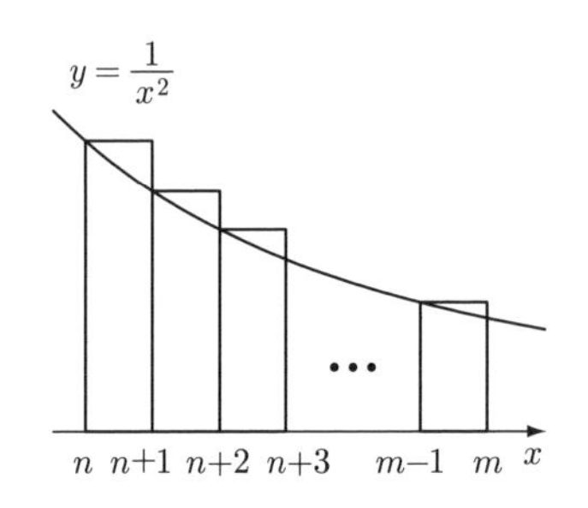

解答

(1) $0 \leqq x \leqq 1$ において，$k \leqq k+x \leqq k+1$ であるから

$$\frac{1-x}{k+1} \leqq \frac{1-x}{k+x} \leqq \frac{1-x}{k}$$

◀ 被積分関数の分母を定数で評価します。

であり，各辺を $0 \leqq x \leqq 1$ において積分すると

$$\int_0^1 \frac{1-x}{k+1}\,dx < \int_0^1 \frac{1-x}{k+x}\,dx < \int_0^1 \frac{1-x}{k}\,dx$$

ここで，$\displaystyle\int_0^1 (1-x)\,dx = \left[x - \frac{x^2}{2} \right]_0^1 = \frac{1}{2}$ であるから

$$\frac{1}{2(k+1)}<\int_0^1\frac{1-x}{k+x}dx<\frac{1}{2k}$$

が成り立つ。

(2) まず，$\int_0^1\frac{1-x}{k+x}dx$ を計算する。

$$\int_0^1\frac{1-x}{k+x}dx=\int_0^1\left(-1+\frac{k+1}{k+x}\right)dx$$

$$=\Big[-x+(k+1)\log|k+x|\Big]_0^1$$

$$=(k+1)\{\log(k+1)-\log k\}-1$$

であるから，(1)の結果より

$$\frac{1}{2(k+1)}<(k+1)\{\log(k+1)-\log k\}-1<\frac{1}{2k}$$

$$\frac{1}{2(k+1)^2}<\log(k+1)-\log k-\frac{1}{k+1}<\frac{1}{2k(k+1)}$$

$k=n,\ n+1,\ \cdots\cdots,\ m-1$ まで代入したものを各辺どうし加えると

$$\sum_{k=n}^{m-1}\frac{1}{2(k+1)^2}<\sum_{k=n}^{m-1}\{\log(k+1)-\log k\}-\sum_{k=n}^{m-1}\frac{1}{k+1}$$

$$<\sum_{k=n}^{m-1}\frac{1}{2k(k+1)} \quad \cdots\cdots①$$

が成り立つ。

ここで，①の各項について

$$\sum_{k=n}^{m-1}\frac{1}{2(k+1)^2}>\sum_{k=n}^{m-1}\frac{1}{2}\cdot\frac{1}{(k+1)(k+2)}$$

$$=\frac{1}{2}\sum_{k=n}^{m-1}\left(\frac{1}{k+1}-\frac{1}{k+2}\right)$$

$$=\frac{1}{2}\left(\frac{1}{n+1}-\frac{1}{m+1}\right)$$

$$=\frac{m-n}{2(m+1)(n+1)}$$

$$\sum_{k=n}^{m-1}\{\log(k+1)-\log k\}-\sum_{k=n}^{m-1}\frac{1}{k+1}$$

$$=\log m-\log n-\sum_{k=n+1}^{m}\frac{1}{k}$$

$$=\log\frac{m}{n}-\sum_{k=n+1}^{m}\frac{1}{k}$$

$$\sum_{k=n}^{m-1}\frac{1}{2k(k+1)}=\frac{1}{2}\sum_{k=n}^{m-1}\left(\frac{1}{k}-\frac{1}{k+1}\right)$$

$$=\frac{1}{2}\left(\frac{1}{n}-\frac{1}{m}\right)$$

$$=\frac{m-n}{2mn}$$

以上より，$m>n$ を満たすすべての自然数 m，n に対して

$$\frac{m-n}{2(m+1)(n+1)}<\log\frac{m}{n}-\sum_{k=n+1}^{m}\frac{1}{k}<\frac{m-n}{2mn}$$

が成り立つ。

〈補足〉

面積に着目して評価することもできます。

$$\log\frac{m}{n}=\log m-\log n=\int_n^m\frac{1}{x}d$$

なので，$\log\frac{m}{n}-\sum_{k=n+1}^{m}\frac{1}{k}$ は図の斜線部分の面積になります。

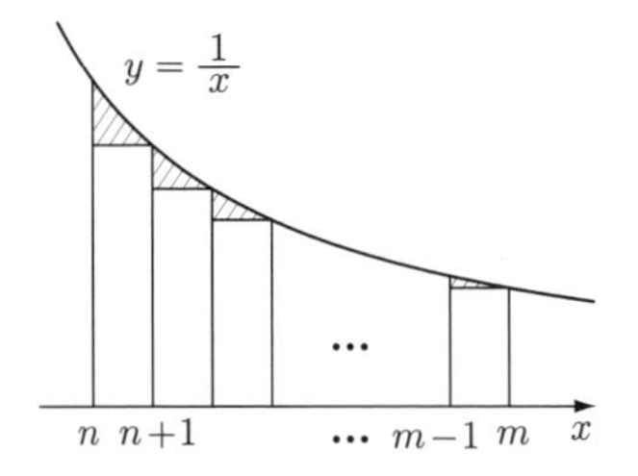

$k\leqq x\leqq k+1$ において，斜線部分の面積を比較すると

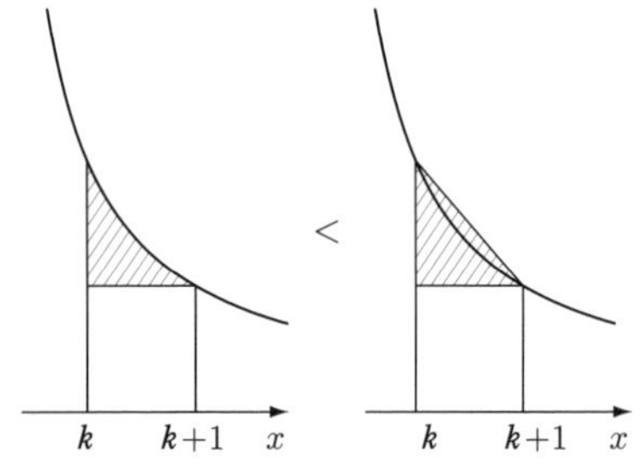

$$\int_k^{k+1}\frac{1}{x}dx-\frac{1}{k+1}<\frac{1}{2}\left(\frac{1}{k}-\frac{1}{k+1}\right)$$

$k=n$，$n+1$，……，$m-1$ まで代入したものを各辺どうし加えると

$$\int_n^m\frac{1}{x}dx-\sum_{k=n}^{m-1}\frac{1}{k+1}<\frac{1}{2}\sum_{k=n}^{m-1}\left(\frac{1}{k}-\frac{1}{k+1}\right)$$

$$\log\frac{m}{n}-\sum_{k=n+1}^{m}\frac{1}{k}<\frac{1}{2}\left(\frac{1}{n}-\frac{1}{m}\right)$$

$$=\frac{m-n}{2mn}$$

$k \leqq x \leqq k+1$ において，斜線部分の面積を比較すると

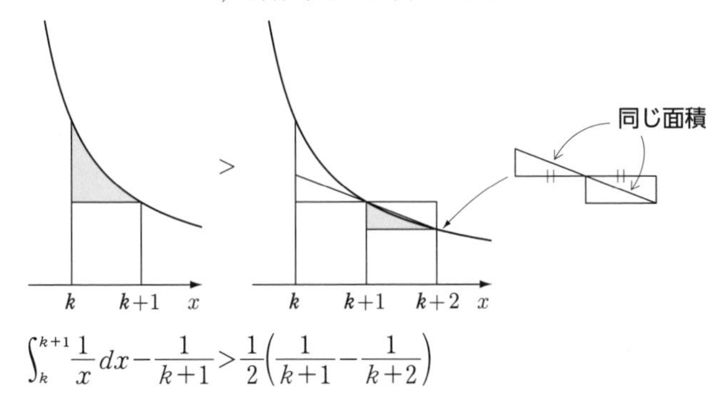

$$\int_k^{k+1} \frac{1}{x}dx - \frac{1}{k+1} > \frac{1}{2}\left(\frac{1}{k+1} - \frac{1}{k+2}\right)$$

$k=n$，$n+1$，……，$m-1$ まで代入したものを各辺どうし加えると

$$\int_n^m \frac{1}{x}dx - \sum_{k=n}^{m-1} \frac{1}{k+1} > \frac{1}{2}\sum_{k=n}^{m-1}\left(\frac{1}{k+1} - \frac{1}{k+2}\right)$$

$$\log\frac{m}{n} - \sum_{k=n+1}^{m} \frac{1}{k} > \frac{1}{2}\left(\frac{1}{n+1} - \frac{1}{m+1}\right)$$

$$= \frac{m-n}{2(m+1)(n+1)}$$

したがって

$$\frac{m-n}{2(m+1)(n+1)} < \log\frac{m}{n} - \sum_{k=n+1}^{m} \frac{1}{k} < \frac{m-n}{2mn}$$

が得られます。

右側の不等式は頻出の評価ですが，左側の不等式は証明すべき不等式の形から逆算して考えた評価です。

テーマ 34 カージオイド曲線

34 アプローチ

点Aから直線 l に垂線AQを下ろすとき

$$\overrightarrow{AQ} /\!/ \overrightarrow{OP}=(\cos\theta,\ \sin\theta),\ |\overrightarrow{AQ}|=r$$

より，$\overrightarrow{AQ}=r(\cos\theta,\ \sin\theta)$ とおけるので，条件より，r を θ の関数で表します。これによって，Aを極とした点Qの極方程式が求められることになります。

点Qの軌跡が囲んでできる図形の面積について，原則として x 軸方向または y 軸方向に積分しますが，点Qの極方程式を利用すると扇形分割によって，θ で積分計算することができます。

解答

(1) $\overrightarrow{OP}=(\cos\theta,\ \sin\theta)$

$\overrightarrow{AQ} /\!/ \overrightarrow{OP}$ であり，$|\overrightarrow{AQ}|=r$ より

$$\overrightarrow{AQ}=r(\cos\theta,\ \sin\theta)$$

であるから

$$\overrightarrow{OQ}=\overrightarrow{OA}+\overrightarrow{AQ}$$
$$=(1,\ 0)+r(\cos\theta,\ \sin\theta) \quad \cdots\cdots①$$

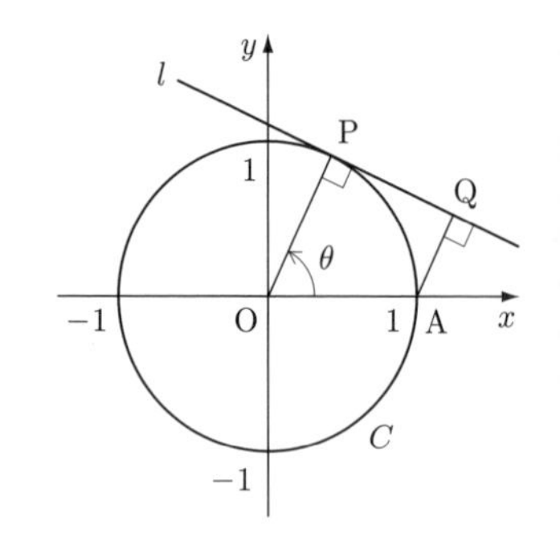

点Pにおける円 C の接線 l は

$$x\cos\theta+y\sin\theta=1 \quad \cdots\cdots②$$

であり，点Qは l 上にあるから，①を②に代入して

$$(1+r\cos\theta)\cos\theta+r\sin^2\theta=1$$

$$\boldsymbol{r=1-\cos\theta}$$

よって

$$\overrightarrow{OQ}=(1,\ 0)+(1-\cos\theta)(\cos\theta,\ \sin\theta)$$

したがって

$$\begin{cases} \boldsymbol{X=1+(1-\cos\theta)\cos\theta} \\ \boldsymbol{Y=(1-\cos\theta)\sin\theta} \end{cases}$$

である。

(2) 点 Q$(X,\ Y)$ の軌跡は，定義より x 軸対称であるから，

$0 \leqq \theta \leqq \pi$ の範囲で考えればよい。

(i) $X=1+(1-\cos\theta)\cos\theta$ より

$$\frac{dX}{d\theta}=\sin\theta\cos\theta+(1-\cos\theta)(-\sin\theta)$$

$$=\sin\theta(2\cos\theta-1)$$

これより，X の増減は次のようになる。

θ	0	$\cdots$	$\frac{\pi}{3}$	$\cdots$	π
$\frac{dX}{d\theta}$		$+$	0	$-$	
X	1	↗	$\frac{5}{4}$	↘	-1

増減表および対称性より，X のとり得る値の範囲は

$$\boldsymbol{-1 \leqq X \leqq \frac{5}{4}}$$

である。

(ii) $Y=(1-\cos\theta)\sin\theta$ より

$$\frac{dY}{d\theta}=\sin^2\theta+(1-\cos\theta)\cos\theta$$

$$=(1-\cos\theta)(2\cos\theta+1)$$

これより，Y の増減は次のようになる。

θ	0	$\cdots$	$\frac{2}{3}\pi$	$\cdots$	π
$\frac{dY}{d\theta}$		$+$	0	$-$	
Y	0	↗	$\frac{3\sqrt{3}}{4}$	↘	0

増減表および対称性より，Y のとり得る値の範囲は

$$\boldsymbol{-\frac{3\sqrt{3}}{4} \leqq Y \leqq \frac{3\sqrt{3}}{4}}$$

である。

(3) (2)より，$(X,\ Y)$ の増減は次のようになる。

θ	0	$\cdots$	$\dfrac{\pi}{3}$	$\cdots$	$\dfrac{2}{3}\pi$	$\cdots$	π
$\dfrac{dX}{d\theta}$		$+$	0	$-$		$-$	
$\dfrac{dY}{d\theta}$		$+$		$+$	0	$-$	
$\begin{pmatrix} X \\ Y \end{pmatrix}$	$\begin{pmatrix} 1 \\ 0 \end{pmatrix}$	$\nearrow$	$\begin{pmatrix} \frac{5}{4} \\ \frac{\sqrt{3}}{4} \end{pmatrix}$	$\nwarrow$	$\begin{pmatrix} \frac{1}{4} \\ \frac{3\sqrt{3}}{4} \end{pmatrix}$	$\swarrow$	$\begin{pmatrix} -1 \\ 0 \end{pmatrix}$

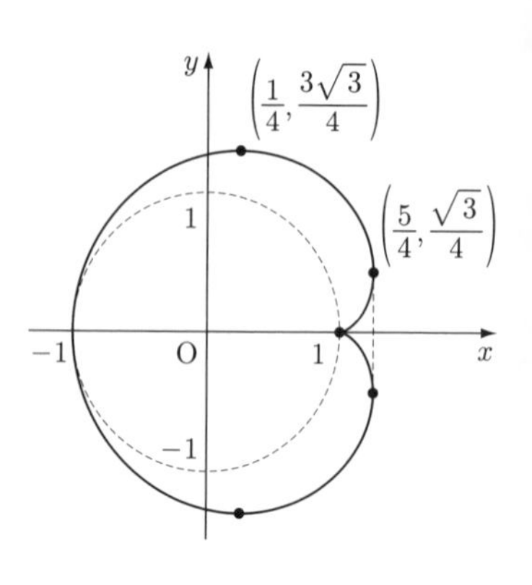

したがって，点Qの軌跡の概形は図のようになる。

(4) 点Aを極とし，x 軸の正方向を始線とすると $\overrightarrow{AQ}$ のなす角が θ のとき，(1)より

$$AQ = r = 1 - \cos\theta$$

であるから，点Qの極方程式は

$$r = 1 - \cos\theta \quad (0 \leqq \theta < 2\pi)$$

と表せる。

ここで，θ が微小角度 $\Delta\theta$ だけ変化するとき，線分AQが通過する微小面積 ΔS を扇形で近似すると

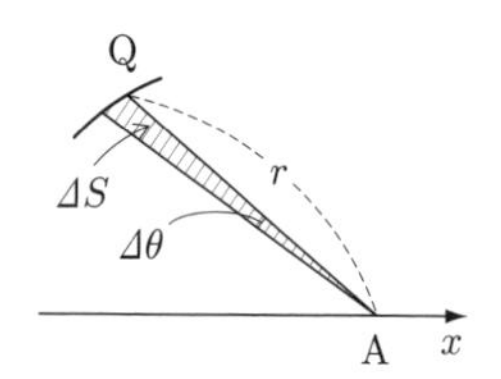

$$\Delta S \fallingdotseq \frac{1}{2}r^2\Delta\theta$$

と表せるから，点Qの軌跡が囲んでできる図形の面積 S は

$$\begin{aligned} S &= \int_0^{2\pi} \frac{1}{2}r^2\, d\theta \\ &= \int_0^{2\pi} \frac{1}{2}(1-\cos\theta)^2\, d\theta \\ &= \frac{1}{2}\int_0^{2\pi}(1 - 2\cos\theta + \cos^2\theta)\, d\theta \\ &= \frac{1}{2}\int_0^{2\pi}\left\{1 - 2\cos\theta + \frac{1}{2}(1+\cos 2\theta)\right\} d\theta \\ &= \frac{1}{2}\left[\frac{3}{2}\theta - 2\sin\theta + \frac{1}{4}\sin 2\theta\right]_0^{2\pi} \\ &= \boldsymbol{\frac{3}{2}\pi} \end{aligned}$$

である。

〈補足〉

点Qの軌跡が囲む図形の面積Sをxまたはyで積分すると，以下のようになります。

(計算1) x軸方向に積分

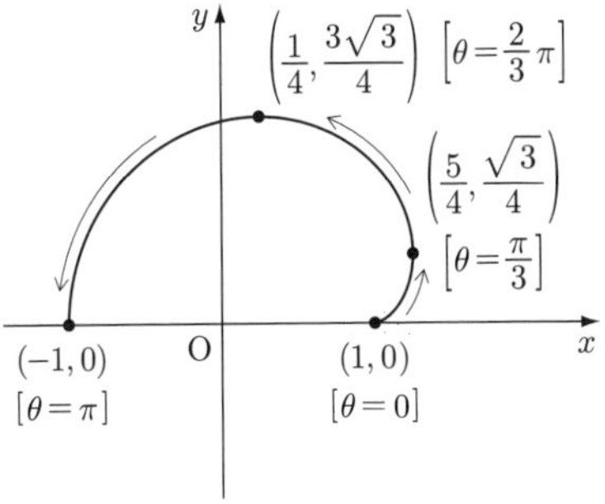

$$Y=\begin{cases} Y_1 & \left(0\leqq\theta\leqq\dfrac{\pi}{3}\right) \\ Y_2 & \left(\dfrac{\pi}{3}\leqq\theta\leqq\pi\right) \end{cases}$$

とおくと，x軸に関する対称性より

$$\frac{S}{2}=\int_{-1}^{\frac{5}{4}}Y_2\,dX-\int_{1}^{\frac{5}{4}}Y_1\,dX$$

$$=\int_{\pi}^{\frac{\pi}{3}}Y\frac{dX}{d\theta}d\theta-\int_{0}^{\frac{\pi}{3}}Y\frac{dX}{d\theta}d\theta$$

$$=-\int_0^{\pi}Y\frac{dX}{d\theta}d\theta$$

$$=-\int_0^{\pi}(1-\cos\theta)\sin\theta\cdot\sin\theta(2\cos\theta-1)\,d\theta$$

$$=-\int_0^{\pi}(1-\cos\theta)(1-\cos^2\theta)(2\cos\theta-1)\,d\theta$$

$$=\int_0^{\pi}(-2\cos^4\theta+3\cos^3\theta+\cos^2\theta-3\cos\theta+1)\,d\theta$$

ここで，$I_n=\int_0^{\pi}\cos^n\theta\,d\theta$　($n=0$，1，2，……) とおくと，部分積分により，

$I_n=\dfrac{n-1}{n}I_{n-2}$　($n=2$，3，……) が成り立ち

$$I_0=\int_0^{\pi}d\theta=\pi,\quad I_1=\int_0^{\pi}\cos\theta\,d\theta=\Big[\sin\theta\Big]_0^{\pi}=0$$

であるから

$$\frac{S}{2}=-2I_4+3I_3+I_2-3I_1+I_0$$

$$=-2\cdot\frac{3}{4}\cdot\frac{1}{2}\cdot I_0+3\cdot\frac{2}{3}I_1+\frac{1}{2}I_0-3I_1+I_0$$

$$=\frac{3}{4}I_0-I_1=\frac{3}{4}\pi$$

したがって，求める面積は，$S=\dfrac{3}{2}\pi$

(計算 2) y 軸方向に積分

$$X=\begin{cases} X_1 & \left(0\leqq\theta\leqq\dfrac{2}{3}\pi\right) \\ X_2 & \left(\dfrac{2}{3}\pi\leqq\theta\leqq\pi\right) \end{cases}$$

とおくと，x 軸に関する対称性より

$$\frac{S}{2}=\int_0^{\frac{3\sqrt{3}}{4}}(X_1-X_2)\,dY$$

$$=\int_0^{\frac{2}{3}\pi}X\frac{dY}{d\theta}\,d\theta-\int_\pi^{\frac{2}{3}\pi}X\frac{dY}{d\theta}\,d\theta$$

$$=\int_0^{\pi}X\frac{dY}{d\theta}\,d\theta$$

$$=\int_0^{\pi}\{1+\cos\theta(1-\cos\theta)\}\cdot(1-\cos\theta)(2\cos\theta+1)\,d\theta$$

$$=\int_0^{\pi}(2\cos^4\theta-3\cos^3\theta-2\cos^2\theta+2\cos\theta+1)\,d\theta$$

$$=2I_4-3I_3-2I_2+2I_1+I_0$$

$$=2\cdot\frac{3}{4}\cdot\frac{1}{2}\cdot I_0-3\cdot\frac{2}{3}I_1-2\cdot\frac{1}{2}I_0+2I_1+I_0$$

$$=\frac{3}{4}I_0=\frac{3}{4}\pi$$

したがって，求める面積は，$S=\dfrac{3}{2}\pi$

テーマ 35 インボリュート曲線

35 アプローチ

定円にまきつけた糸をたわむことなくほどいていくと，糸の端点の軌跡は**インボリュート曲線**（法線が常に1つの定円に接する曲線）になります。

糸の端点Pをθでパラメータ表示するには

$$\overrightarrow{\mathrm{OP}}=\overrightarrow{\mathrm{OR}}+\overrightarrow{\mathrm{RP}}$$

と分解して，各ベクトルの「大きさ」と「なす角」を用いて表すのが定石です。

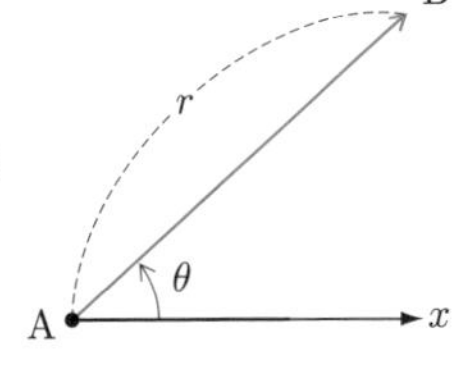

一般に，$|\overrightarrow{\mathrm{AB}}|=r$，$\overrightarrow{\mathrm{AB}}$が$x$軸の正方向からなす角$=\theta$であるとき

$$\overrightarrow{\mathbf{AB}}=\boldsymbol{r}(\mathbf{cos}\,\boldsymbol{\theta},\ \mathbf{sin}\,\boldsymbol{\theta})$$

と表せます。

面積については，x軸方向またはy軸方向に積分するのが原則ですから，$\int_0^a x\,dy$または$\int_a^{\frac{\pi}{2}a} y\,dx$を$\theta$で置換積分することになりますが，これらの積分計算をするかわりに，2つの定積分$\int_0^a x\,dy$と$\int_a^{\frac{\pi}{2}a} y\,dx$をうまく利用して計算することができます。

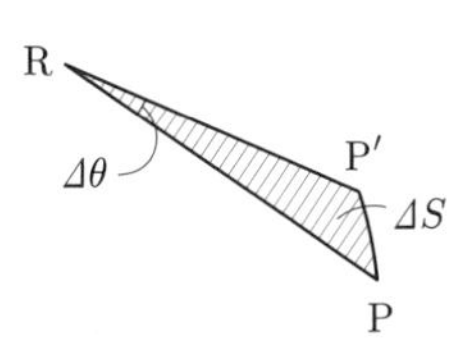

また，線分RPの通過領域の面積について，角度θを微小角度$\Delta\theta$だけ変化させたときに線分RPが通過する面積ΔSを扇形で近似することにより，θで積分することができます。

これは，極方程式を利用した面積計算と同じ考え方になります。

解答

(1) 各ベクトルの大きさと，x軸の正方向からのなす角について

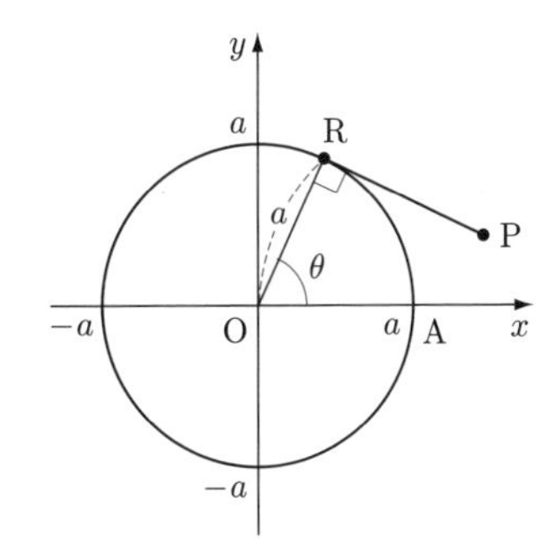

$$|\overrightarrow{\mathrm{OR}}|=a,\ \overrightarrow{\mathrm{OR}}\text{ の }x\text{ 軸の正方向とのなす角}=\theta$$

$$|\overrightarrow{\mathrm{RP}}|=\text{弧}\,\overset{\frown}{\mathrm{AR}}=a\theta$$

$$\overrightarrow{\mathrm{RP}}\text{ の }x\text{ 軸の正方向とのなす角}=\theta-\frac{\pi}{2}$$

であるから

$$\overrightarrow{\mathrm{OP}}=\overrightarrow{\mathrm{OR}}+\overrightarrow{\mathrm{RP}}$$

$$=a\begin{pmatrix}\cos\theta\\ \sin\theta\end{pmatrix}+a\theta\begin{pmatrix}\cos\left(\theta-\dfrac{\pi}{2}\right)\\ \sin\left(\theta-\dfrac{\pi}{2}\right)\end{pmatrix}$$

$$=\begin{pmatrix} a\cos\theta+a\theta\sin\theta \\ a\sin\theta-a\theta\cos\theta \end{pmatrix} \quad (0\leqq\theta\leqq2\pi)$$

と表せる。したがって

$$\begin{cases} \boldsymbol{x=a(\cos\theta+\theta\sin\theta)} \\ \boldsymbol{y=a(\sin\theta-\theta\cos\theta)} \end{cases} \quad \boldsymbol{(0\leqq\theta\leqq2\pi)}$$

である。

(2)

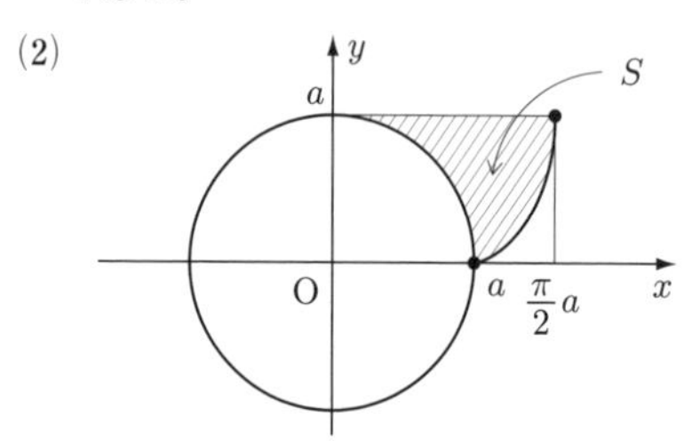

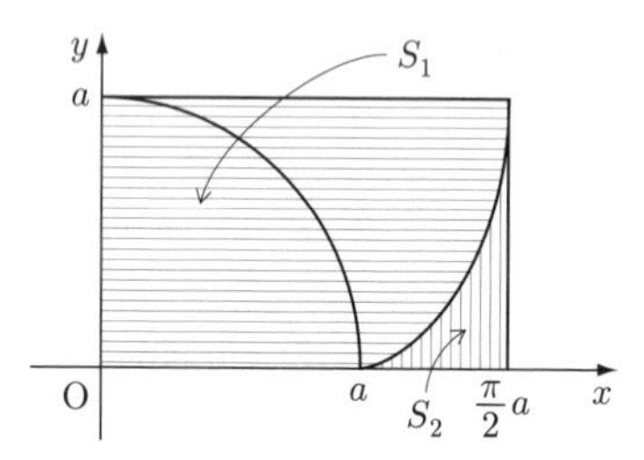

求める面積をSとする。

第１象限にある点Ｐの軌跡とx軸，y軸，$y=a$ で囲まれる部分の面積をS_1とし，第１象限にある点Ｐの軌跡とx軸，$x=\frac{\pi}{2}a$ で囲まれる部分の面積をS_2とすると，(1)で求めた点Ｐの座標$(x,\ y)$を用いて

$$S_1=\int_0^a x\,dy=\int_0^{\frac{\pi}{2}} x\frac{dy}{d\theta}d\theta$$

$$=\int_0^{\frac{\pi}{2}} a(\cos\theta+\theta\sin\theta)a\theta\sin\theta\,d\theta$$

$$=a^2\int_0^{\frac{\pi}{2}}(\theta\sin\theta\cos\theta+\theta^2\sin^2\theta)\,d\theta \quad \cdots\cdots①$$

$$S_2=\int_a^{\frac{\pi}{2}a} y\,dx=\int_0^{\frac{\pi}{2}} y\frac{dx}{d\theta}d\theta$$

$$=\int_0^{\frac{\pi}{2}} a(\sin\theta-\theta\cos\theta)a\theta\cos\theta\,d\theta$$

$$=a^2\int_0^{\frac{\pi}{2}}(\theta\sin\theta\cos\theta-\theta^2\cos^2\theta)\,d\theta \quad \cdots\cdots②$$

と表せる。

このとき，①−② より

$$S_1-S_2=a^2\int_0^{\frac{\pi}{2}}\theta^2(\sin^2\theta+\cos^2\theta)\,d\theta$$

$$=a^2\int_0^{\frac{\pi}{2}}\theta^2\,d\theta=a^2\left[\frac{\theta^3}{3}\right]_0^{\frac{\pi}{2}}=\frac{\pi^3}{24}a^2 \quad \cdots\cdots③$$

一方で，S_1+S_2 は長方形の面積に等しく

$$S_1+S_2=\frac{\pi}{2}a\cdot a=\frac{\pi}{2}a^2 \quad \cdots\cdots ④$$

(③＋④)÷2 より

$$S_1=\frac{\pi}{4}a^2+\frac{\pi^3}{48}a^2$$

したがって，求める部分の面積は

$$S=S_1-\frac{1}{4}\pi a^2=\boldsymbol{\frac{\pi^3}{48}a^2}$$

である。

別解

糸が通過する領域を扇形で近似して角変数 θ で積分する。

角度 θ が微小角度 $\Delta\theta$ だけ変化するとき，線分 RP が通過する微小面積 ΔS を半径 RP，中心角 $\Delta\theta$ の扇形で近似すると

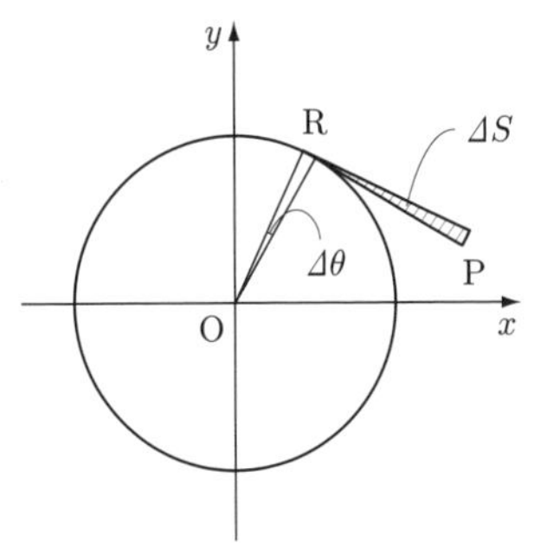

$$\Delta S \fallingdotseq \frac{1}{2}\mathrm{RP}^2\Delta\theta$$

$$=\frac{1}{2}(a\theta)^2\Delta\theta$$

と表せる。

$0\leqq\theta\leqq\frac{\pi}{2}$ の範囲で θ を動かすとき，線分 RP が通過する領域の面積 S は

$$S=\int_0^{\frac{\pi}{2}}\frac{1}{2}(a\theta)^2\,d\theta$$

$$=\frac{a^2}{2}\left[\frac{\theta^3}{3}\right]_0^{\frac{\pi}{2}}$$

$$=\frac{\pi^3}{48}a^2$$

である。

補足

S_1 を直接積分計算すると，以下のようになります。

$$S_1=a^2\int_0^{\frac{\pi}{2}}(\theta\sin\theta\cos\theta+\theta^2\sin^2\theta)\,d\theta$$

$$=\frac{a^2}{2}\int_0^{\frac{\pi}{2}}\{\theta\sin 2\theta+\theta^2(1-\cos 2\theta)\}\,d\theta$$

について

$$\int_0^{\frac{\pi}{2}}\theta\sin 2\theta d\theta$$

$$=\left[\theta\cdot\left(-\frac{1}{2}\cos 2\theta\right)\right]_0^{\frac{\pi}{2}}-\int_0^{\frac{\pi}{2}}\left(-\frac{1}{2}\cos 2\theta\right)d\theta$$

$$=\frac{\pi}{4}+\frac{1}{2}\left[\frac{1}{2}\sin 2\theta\right]_0^{\frac{\pi}{2}}=\frac{\pi}{4}$$

$$\int_0^{\frac{\pi}{2}}\theta^2\cos 2\theta d\theta$$

$$=\left[\theta^2\cdot\frac{1}{2}\sin 2\theta\right]_0^{\frac{\pi}{2}}-\int_0^{\frac{\pi}{2}}2\theta\cdot\frac{1}{2}\sin 2\theta d\theta$$

$$=-\int_0^{\frac{\pi}{2}}\theta\sin 2\theta d\theta$$

$$=-\frac{\pi}{4}$$

$$\int_0^{\frac{\pi}{2}}\theta^2 d\theta=\left[\frac{\theta^3}{3}\right]_0^{\frac{\pi}{2}}=\frac{\pi^3}{24}$$

なので

$$S_1=\frac{a^2}{2}\left(\frac{\pi}{4}+\frac{\pi^3}{24}+\frac{\pi}{4}\right)$$

$$=\left(\frac{\pi}{4}+\frac{\pi^3}{48}\right)a^2$$

と求められます。

したがって，求める面積Sは

$$S=S_1-\frac{\pi}{4}a^2=\frac{\pi^3}{48}a^2$$

となります。

テーマ 36 エピサイクロイド曲線

36 アプローチ

円Sが円Cの外側を滑らずに回転していくとき，円S上の定点Qをθでパラメータ表示するには円Sの中心をTとして

$$\overrightarrow{\mathrm{OQ}}=\overrightarrow{\mathrm{OT}}+\overrightarrow{\mathrm{TQ}}$$

と分解して，各ベクトルについて「大きさ」と「なす角」を用いて表すのが定石です。

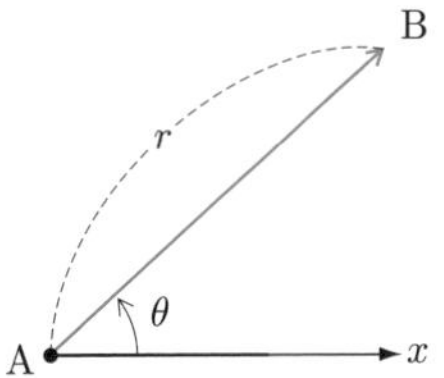

一般に，$|\overrightarrow{\mathrm{AB}}|=r$，$\overrightarrow{\mathrm{AB}}$ がx軸の正方向からなす角$=\theta$ であるとき

$$\boldsymbol{\overrightarrow{\mathrm{AB}}=r(\cos\theta,\ \sin\theta)}$$

と表せます。

円Sが円Cのまわりを滑らずに回転するので，2つの円の弧の長さを用いて，それぞれの円の回転角を変換するのがポイントです。

また，点Qが再び出発点Pに戻るのは，θが$2\pi\times$(整数) のとき円Sの回転角も$2\pi\times$(整数) となる場合ですから，条件を満たす最小の整数を求めることになります。

さらに，曲線の長さについては

$$\int_{\alpha}^{\beta}\sqrt{\left(\frac{dx}{d\theta}\right)^2+\left(\frac{dy}{d\theta}\right)^2}\,d\theta$$

により計算できますが，絶対値をはずすとき，積分区間の場合分けに注意が必要です。

解答

(1) 円Sの中心をT，$\angle\mathrm{RTQ}=\varphi$ とおくと

$$弧\,\widehat{\mathrm{PR}}=弧\,\widehat{\mathrm{RQ}}$$

より

$$1\times\theta=r\times\varphi$$

$$\varphi=\frac{\theta}{r}$$

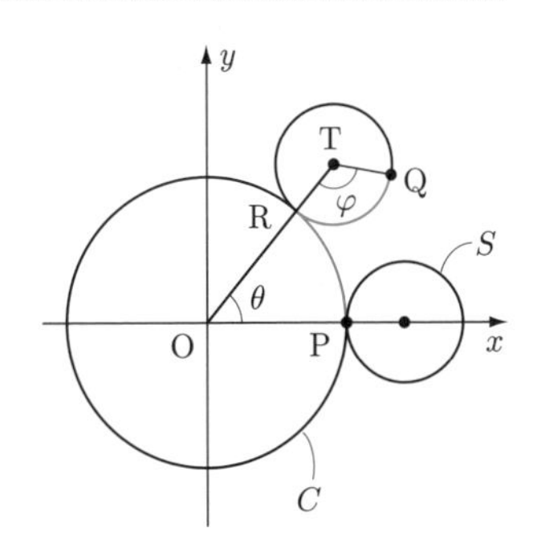

このとき，$\overrightarrow{\mathrm{TQ}}$ のx軸の正方向からのなす角は

$$\theta+\pi+\varphi=\pi+\left(1+\frac{1}{r}\right)\theta$$

であるから

$$\overrightarrow{\mathrm{OQ}}=\overrightarrow{\mathrm{OT}}+\overrightarrow{\mathrm{TQ}}$$

$$=(1+r)\begin{pmatrix}\cos\theta\\ \sin\theta\end{pmatrix}+r\begin{pmatrix}\cos\left\{\pi+\left(1+\frac{1}{r}\right)\theta\right\}\\ \sin\left\{\pi+\left(1+\frac{1}{r}\right)\theta\right\}\end{pmatrix}$$

$$=(1+r)\begin{pmatrix}\cos\theta\\ \sin\theta\end{pmatrix}-r\begin{pmatrix}\cos\left(1+\dfrac{1}{r}\right)\theta\\ \sin\left(1+\dfrac{1}{r}\right)\theta\end{pmatrix}$$

と表せる。したがって

$$\begin{cases}\boldsymbol{x=(1+r)\cos\theta-r\cos\left(1+\dfrac{1}{r}\right)\theta}\\ \boldsymbol{y=(1+r)\sin\theta-r\sin\left(1+\dfrac{1}{r}\right)\theta}\end{cases}$$

である。

(2) 円Sが円CのまわりをN回（Nは自然数）まわったとき

$$\theta=2\pi\times N$$

と表せ，このとき，点Qが点Pに戻るとすれば

$$\varphi=\frac{\theta}{r}=\frac{n}{m}\cdot 2\pi N=2\pi\times(\text{自然数})$$

mとnは互いに素な自然数だから，求める最小の自然数Nは

$$N=m$$

したがって，点Qが再び点Pに戻ってくるまでに円Sは円Cのまわりを **m 回**まわる。

(3) (2)より，$0\leqq\theta\leqq 2m\pi$ において点Qが描く曲線の長さlを求めればよい。

(1)より

$$\frac{dx}{d\theta}=-(1+r)\sin\theta+(1+r)\sin\left(1+\frac{1}{r}\right)\theta$$

$$\frac{dy}{d\theta}=(1+r)\cos\theta-(1+r)\cos\left(1+\frac{1}{r}\right)\theta$$

であるから

$$\left(\frac{dx}{d\theta}\right)^2+\left(\frac{dy}{d\theta}\right)^2=(1+r)^2\left\{2-2\left(\cos\theta\cdot\cos\left(1+\frac{1}{r}\right)\theta+\sin\theta\cdot\sin\left(1+\frac{1}{r}\right)\theta\right)\right\}$$

$$=2(1+r)^2\left(1-\cos\frac{\theta}{r}\right)$$

$$=4(1+r)^2\sin^2\frac{\theta}{2r}$$

$$=4\left(1+\frac{m}{n}\right)^2\sin^2\frac{n\theta}{2m}$$

よって，求める曲線の長さlは

$$l=\int_0^{2m\pi}\sqrt{\left(\frac{dx}{d\theta}\right)^2+\left(\frac{dy}{d\theta}\right)^2}\,d\theta$$

$$=2\left(1+\frac{m}{n}\right)\int_0^{2m\pi}\left|\sin\frac{n\theta}{2m}\right|d\theta$$

ここで，$\dfrac{n\theta}{2m}=t$ とおくと，$\dfrac{n}{2m}d\theta=dt$ $\begin{cases}\theta:0\to 2m\pi\\ t:0\to n\pi\end{cases}$ より

$$\int_0^{2m\pi}\left|\sin\frac{n\theta}{2m}\right|d\theta=\frac{2m}{n}\int_0^{n\pi}|\sin t|dt$$

$$=\frac{2m}{n}\cdot n\int_0^{\pi}\sin t\,dt=4m$$

したがって，求める曲線の長さは

$$l=2\left(1+\frac{m}{n}\right)\cdot 4m=\boldsymbol{8m\left(1+\frac{m}{n}\right)}$$

である。

〈エピサイクロイド〉

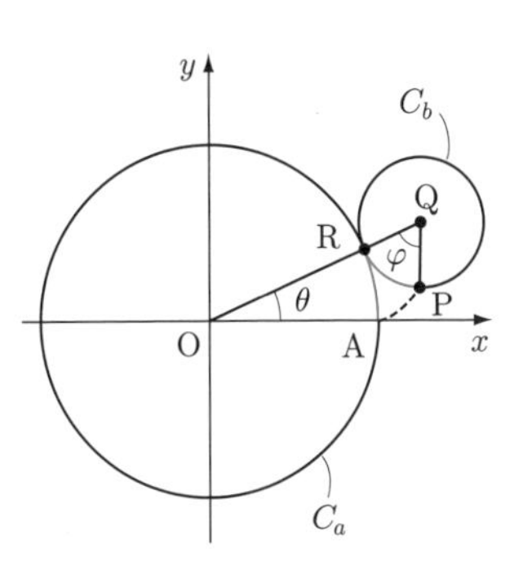

原点を中心とする半径 a の円 C_a に半径 b の円 C_b が外接しながら滑ることなく転がるとき，円 C_b の周上に固定した点ではじめに x 軸上にあった点の描く曲線を**エピサイクロイド**といいます。

円 C_b 上に固定した点をPとし，はじめに $\mathrm{A}(a,\ 0)$ にあるとします。

円 C_b の中心をQ，2円 C_a と C_b の接点をRとして

$$\begin{cases}\angle\mathrm{AOQ}=\theta & (\text{円 } C_b \text{ の公転角})\\ \angle\mathrm{RQP}=\varphi & (\text{円 } C_b \text{ の自転角})\end{cases}$$

とおくと

$$b\varphi=\text{弧}\,\overset{\frown}{\mathrm{RP}}=\text{弧}\,\overset{\frown}{\mathrm{AR}}=a\theta \qquad \varphi=\frac{a}{b}\theta$$

このとき

$\begin{cases}|\overrightarrow{\mathrm{OQ}}|=a+b\\ \overrightarrow{\mathrm{OQ}}\text{ が } x \text{ 軸の正方向からなす角}=\theta\end{cases}$ より，$\overrightarrow{\mathrm{OQ}}=(a+b)\begin{pmatrix}\cos\theta\\ \sin\theta\end{pmatrix}$

$$\begin{cases}|\overrightarrow{\mathrm{QP}}|=b\\ \overrightarrow{\mathrm{QP}}\text{ が } x \text{ 軸の正方向からなす角}=\theta+\pi+\varphi=\dfrac{a+b}{b}\theta+\pi\end{cases}$$

より

$$\overrightarrow{\mathrm{QP}}=b\begin{pmatrix}\cos\left(\dfrac{a+b}{b}\theta+\pi\right)\\ \sin\left(\dfrac{a+b}{b}\theta+\pi\right)\end{pmatrix}=-b\begin{pmatrix}\cos\dfrac{a+b}{b}\theta\\ \sin\dfrac{a+b}{b}\theta\end{pmatrix}$$

なので

$$\overrightarrow{OP}=\overrightarrow{OQ}+\overrightarrow{QP}=\begin{pmatrix}(a+b)\cos\theta-b\cos\dfrac{a+b}{b}\theta \\ (a+b)\sin\theta-b\sin\dfrac{a+b}{b}\theta\end{pmatrix}$$

と表せます。

(ア)　$a=b$ の場合

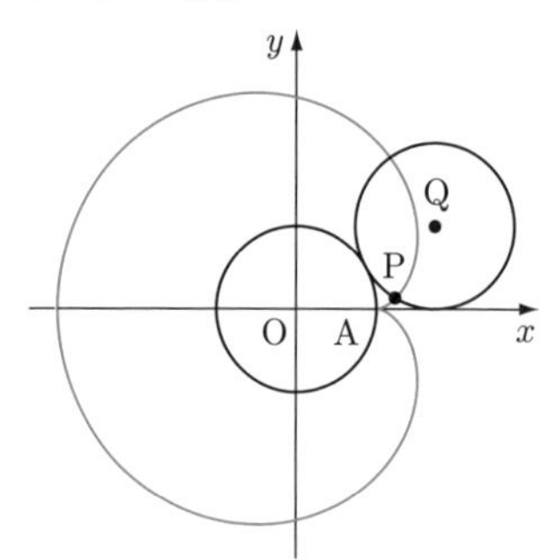

カージオイド曲線

(イ)　$a=2b$ の場合

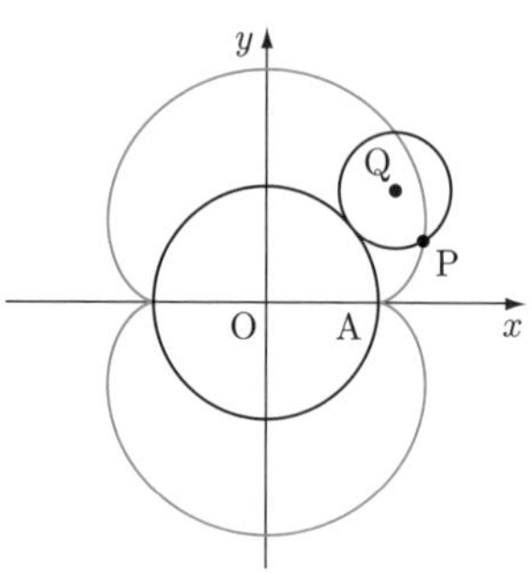

(ウ)　$a=3b$ の場合

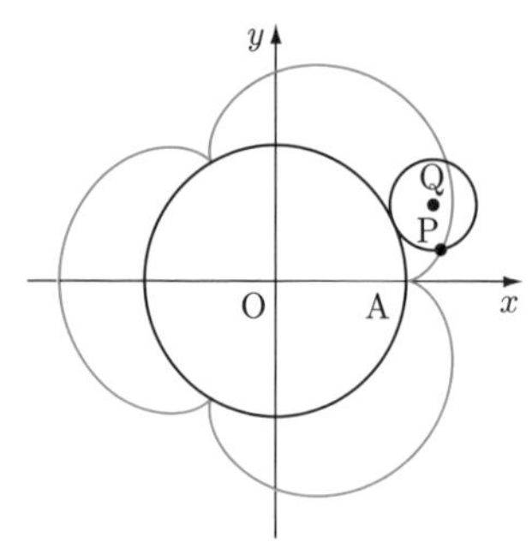

(エ)　$a=4b$ の場合

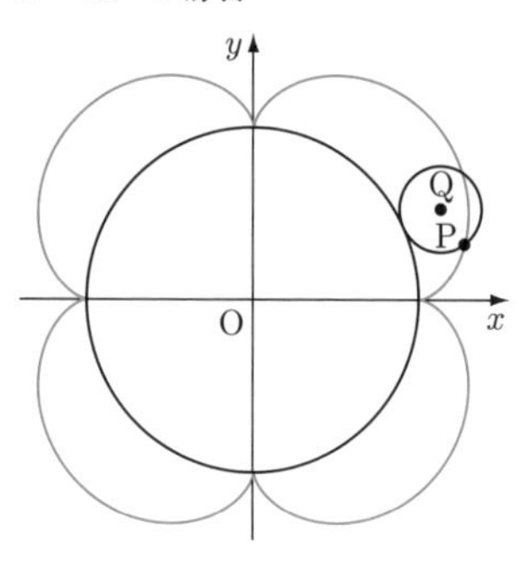

〈ハイポサイクロイド〉

原点を中心とする半径 a の円 C_a に半径 b の円 C_b $(b<a)$ が内接しながら滑ることなく転がるとき，円 C_b の周上に固定した点ではじめに x 軸上にあった点の描く曲線を**ハイポサイクロイド**といいます。

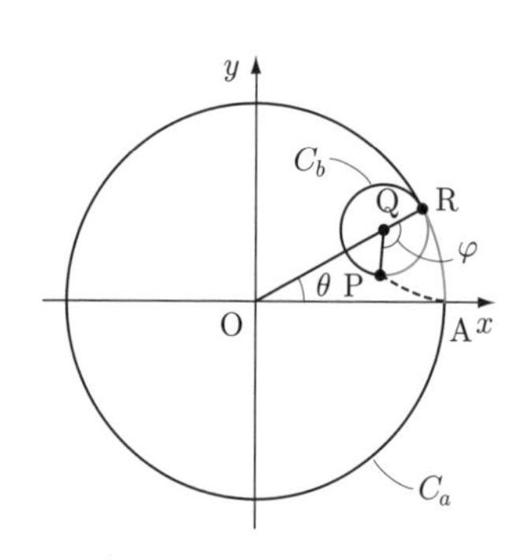

円 C_b 上に固定した点をPとし，はじめに A$(a,\ 0)$ にあるとします。

円 C_b の中心を Q，2 円 C_a と C_b の接点をRとして

$$\begin{cases}\angle \mathrm{AOQ}=\theta & (\text{円 } C_b \text{ の公転角}) \\ \angle \mathrm{RQP}=\varphi & (\text{円 } C_b \text{ の自転角})\end{cases}$$

とおくと

$$b\varphi=\text{弧}\,\overset{\frown}{\mathrm{RP}}=\text{弧}\,\overset{\frown}{\mathrm{AR}}=a\theta \qquad \varphi=\frac{a}{b}\theta$$

このとき

$$\begin{cases} |\overrightarrow{\mathrm{OQ}}|=a-b \\ \overrightarrow{\mathrm{OQ}}\text{ が }x\text{ 軸の正方向からなす角}=\theta \end{cases}$$ より，$\overrightarrow{\mathrm{OQ}}=(a-b)\begin{pmatrix}\cos\theta \\ \sin\theta\end{pmatrix}$

$$\begin{cases} |\overrightarrow{\mathrm{QP}}|=b \\ \overrightarrow{\mathrm{QP}}\text{ が }x\text{ 軸の正方向からなす角}=\theta-\varphi=\dfrac{b-a}{b}\theta \end{cases}$$

より

$$\overrightarrow{\mathrm{QP}}=b\begin{pmatrix}\cos\dfrac{b-a}{b}\theta \\ \sin\dfrac{b-a}{b}\theta\end{pmatrix}$$

なので

$$\overrightarrow{\mathrm{OP}}=\overrightarrow{\mathrm{OQ}}+\overrightarrow{\mathrm{QP}}=\begin{pmatrix}(a-b)\cos\theta+b\cos\dfrac{a-b}{b}\theta \\ (a-b)\sin\theta-b\sin\dfrac{a-b}{b}\theta\end{pmatrix}$$

と表せます。

(ア)　$a=2b$ の場合

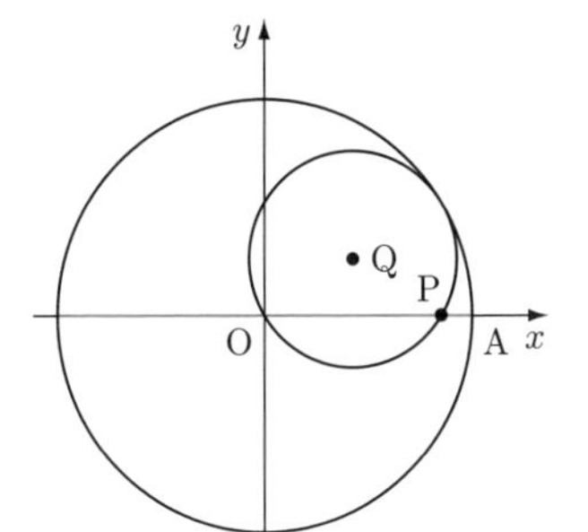

(イ)　$a=3b$ の場合

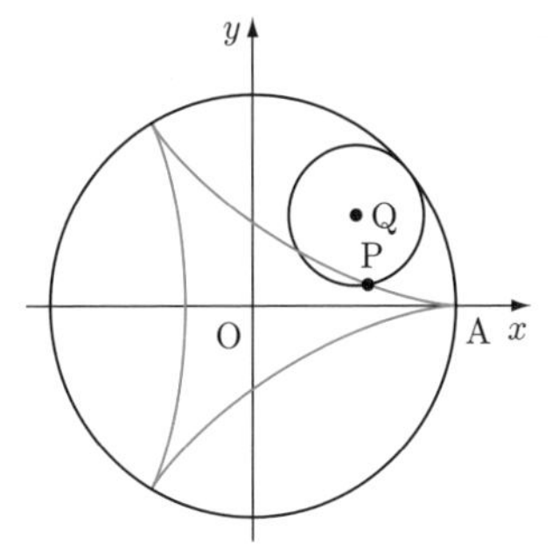

(ウ)　$a=4b$ の場合

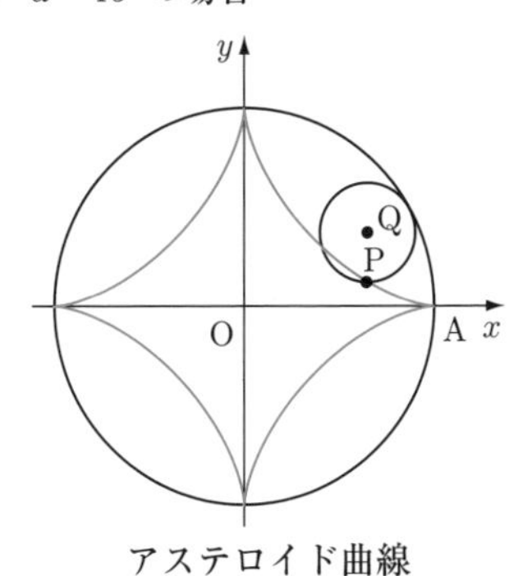

アステロイド曲線

(エ)　$a=5b$ の場合

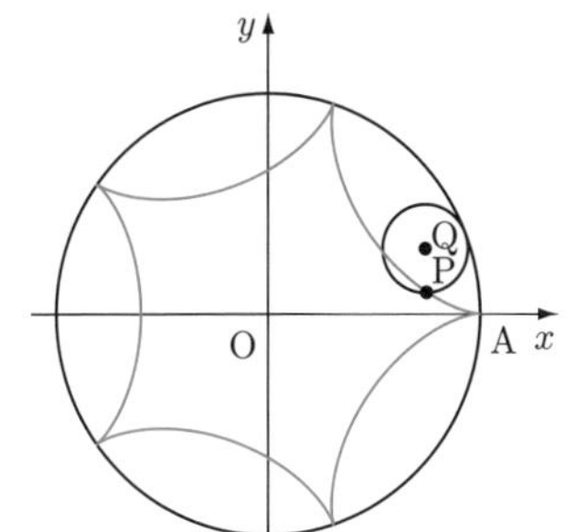

テーマ 37 回転体の体積と定積分の評価

37 アプローチ

$y=\sin x$ と x 軸で囲まれた図形を x 軸のまわりに1回転してできる立体の $a_n \leqq x \leqq \frac{\pi}{2}$ の部分の体積は，$V_n=\int_{a_n}^{\frac{\pi}{2}} \pi \sin^2 x\, dx$ と表せます。これは，積分計算することもできますが，今回はこの定積分を評価します。なぜなら，$\lim_{n\to\infty} n\left(\frac{\pi}{2}-a_n\right)$ を計算するために $\left(\frac{\pi}{2}-a_n\right)$ を評価したいからです。単純に被積分関数を定数で評価すると $\left(\frac{\pi}{2}-a_n\right)$ の形が現れます。これは図形的に考えると V_n を2つの円柱の体積で評価することと同じです。

また，定積分を評価するのに「積分の平均値の定理」を利用する方法もあります。

解答

$y=\sin x \quad (0 \leqq x \leqq \pi)$ と x 軸で囲まれた図形 D を x 軸のまわりに1回転してできる立体の体積 V は

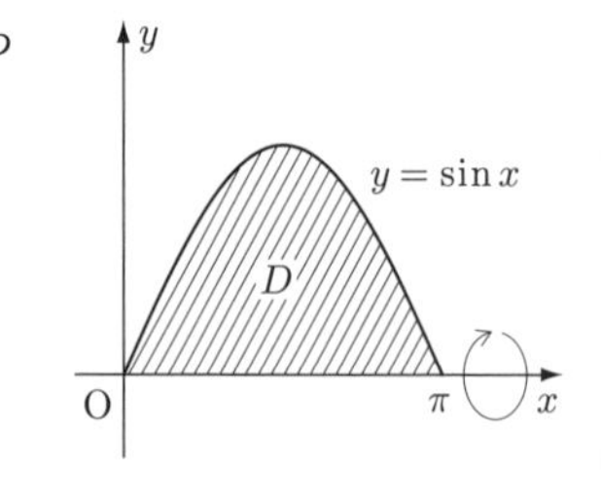

$$V=\int_0^{\pi} \pi \sin^2 x\, dx$$
$$=\frac{\pi}{2}\int_0^{\pi}(1-\cos 2x)\, dx$$
$$=\frac{\pi}{2}\left[x-\frac{1}{2}\sin 2x\right]_0^{\pi}$$
$$=\frac{\pi^2}{2}$$

である。

図形 D の $a_n \leqq x \leqq \frac{\pi}{2}$ の部分を x 軸のまわりに1回転してできる立体の体積 V_n は

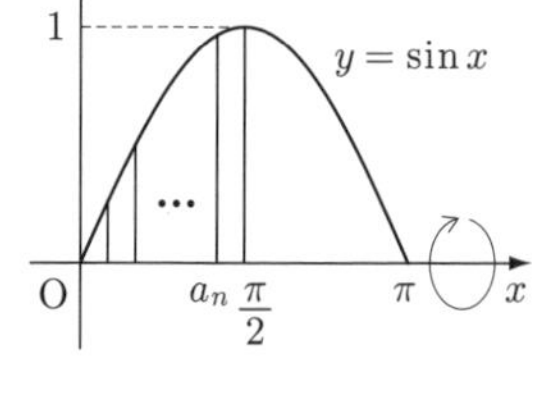

$$V_n=\int_{a_n}^{\frac{\pi}{2}} \pi \sin^2 x\, dx$$

と表せて，体積を $2n$ 等分する条件より

$$V_n=\frac{1}{2n}V=\frac{\pi^2}{4n}$$

すなわち

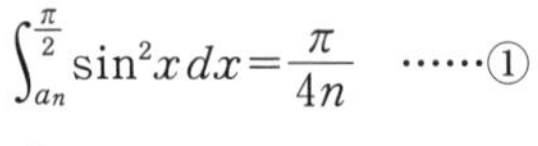

$$\int_{a_n}^{\frac{\pi}{2}} \sin^2 x\, dx=\frac{\pi}{4n} \quad \cdots\cdots ①$$

◀ 積分計算を行わず積分を評価します。

が成り立つ。

$a_n \leqq x \leqq \frac{\pi}{2}$ において，$\sin x$ の最大値を M，最小値を m とおくと

$$m^2 \leqq \sin^2 x \leqq M^2$$

であり，各辺を $a_n \leqq x \leqq \frac{\pi}{2}$ において積分すると

$$m^2\left(\frac{\pi}{2}-a_n\right) < \int_{a_n}^{\frac{\pi}{2}} \sin^2 x\,dx < M^2\left(\frac{\pi}{2}-a_n\right)$$

であるから，①より

$$m^2\left(\frac{\pi}{2}-a_n\right) < \frac{\pi}{4n} < M^2\left(\frac{\pi}{2}-a_n\right)$$

$$\frac{\pi}{4M^2} < n\left(\frac{\pi}{2}-a_n\right) < \frac{\pi}{4m^2}$$

と評価できる。

$n \to \infty$ のとき，m および M はともに 1 に収束するから，ハサミウチの原理により

$$\lim_{n\to\infty} n\left(\frac{\pi}{2}-a_n\right) = \boldsymbol{\frac{\pi}{4}}$$

である。

〈補足〉1

円柱の体積で評価します。

図形 D の $a_n \leqq x \leqq \frac{\pi}{2}$ の部分を x 軸のまわりに 1 回転してできる立体の体積 V_n を，底面の円の半径がそれぞれ $\sin a_n$ および 1 で高さが $\frac{\pi}{2}-a_n$ の 2 つの円柱の体積で評価すると

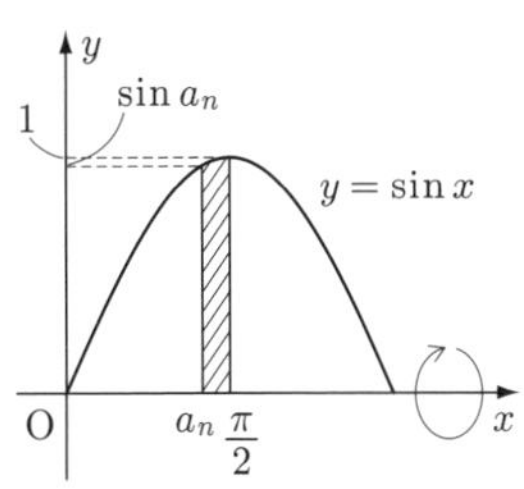

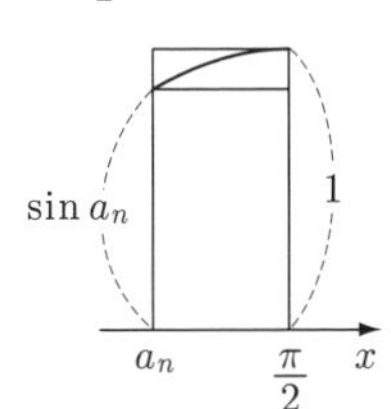

$$\pi\sin^2 a_n \cdot \left(\frac{\pi}{2}-a_n\right) < \frac{\pi^2}{4n} < \pi \cdot 1^2 \cdot \left(\frac{\pi}{2}-a_n\right)$$

$$\frac{\pi}{4} < n\left(\frac{\pi}{2}-a_n\right) < \frac{\pi}{4} \cdot \frac{1}{\sin^2 a_n}$$

となります。

$n \to \infty$ のとき，$a_n \to \frac{\pi}{2}$ であるから，$\sin^2 a_n \to 1$

したがって，ハサミウチの原理により

$$\lim_{n\to\infty} n\left(\frac{\pi}{2}-a_n\right) = \frac{\pi}{4}$$

となります。

これは，解答 にある定積分の評価を図形的に考えたものであり，本質的には 解答 と同じものといえます。

〈補足〉2

〈積分の平均値の定理〉

$f(x)$ が $a \leqq x \leqq b$ で連続であるとき

$$\frac{1}{b-a}\int_a^b f(x)\,dx = f(c)$$

$$(a < c < b)$$

を満たす実数 c が存在する。

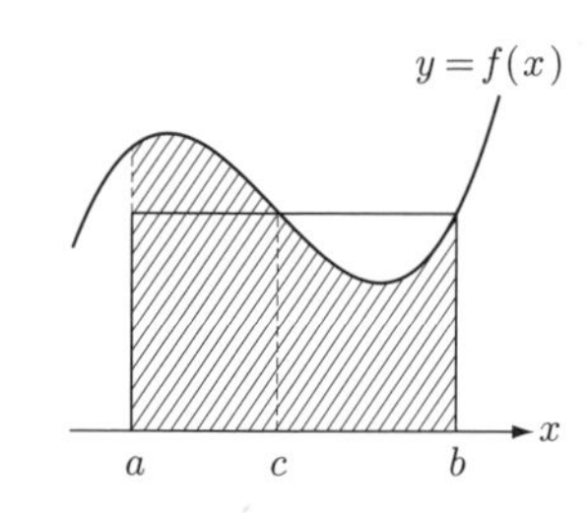

(証明)

$a \leqq x \leqq b$ において

$f(x)$ の最大値を M, 最小値を m

とすると

$$m \leqq f(x) \leqq M$$

各辺を $a \leqq x \leqq b$ において積分すると

$$\int_a^b m\,dx \leqq \int_a^b f(x)\,dx \leqq \int_a^b M\,dx$$

$$m(b-a) \leqq \int_a^b f(x)\,dx \leqq M(b-a)$$

$$m \leqq \frac{1}{b-a}\int_a^b f(x)\,dx \leqq M$$

が成り立つ。

このとき, 中間値の定理より

$$\frac{1}{b-a}\int_a^b f(x)\,dx = f(c)$$

$$(a < c < b)$$

を満たす実数 c が存在する。(証明終わり)

$a_n \leqq x \leqq \frac{\pi}{2}$ において, $\sin^2 x$ に対して積分の平均値の定理を用いると

$$\int_{a_n}^{\frac{\pi}{2}} \sin^2 x\,dx = \left(\frac{\pi}{2} - a_n\right) \cdot \sin^2 c_n$$

$$\left(a_n < c_n < \frac{\pi}{2}\right)$$

を満たす c_n が存在します。

このとき, ①より

$$\left(\frac{\pi}{2} - a_n\right)\sin^2 c_n = \frac{\pi}{4n}$$

$$n\left(\frac{\pi}{2}-a_n\right)=\frac{\pi}{4\sin^2 c_n}$$

であり，$n\to\infty$ のとき $a_n\to\dfrac{\pi}{2}$ であるから，ハサミウチの原理

により，$c_n\to\dfrac{\pi}{2}$ となります。

したがって

$$\lim_{n\to\infty} n\left(\frac{\pi}{2}-a_n\right)=\frac{\pi}{4\sin^2\frac{\pi}{2}}$$

$$=\frac{\pi}{4}$$

と求められます。

テーマ 38 直線の回転体

38 アプローチ

回転軸（x 軸）に対して，ねじれの位置にある直線 l を1回転してできる図形 M について，体積および図形の方程式を求める問題です。

立体の体積を求めるには，断面積を積分するのが原則です。断面の図示および断面積を求めるポイントは

『回転してから切ったもの ＝ 切ってから回転したもの』

という考え方です。それゆえ，**断面は円もしくは円環領域**となります。

また，x 軸回転体である図形 M の方程式の求め方について，平面 $x=t$ による図形 M の切り口は円であり，その方程式を $f(t,\ y,\ z)=0$ とすると図形 M の方程式がパラメータ表示されます。

M：$x=t$ かつ $f(t,\ y,\ z)=0$

これよりパラメータ t を消去すると，図形 M の方程式

M：$f(x,\ y,\ z)=0$

が得られます。

図形 M の方程式を利用すると，図形 M を y 軸（または z 軸）のまわりに1回転した立体の体積などを求めるときに利用できます。

解答

(1)　3点A，P，Bの x 座標に着目すると

$$\overrightarrow{AP}=t\overrightarrow{AB}$$

であるから

$$\begin{aligned}\overrightarrow{OP}&=(1-t)\overrightarrow{OA}+t\overrightarrow{OB}\\&=(1-t)\begin{pmatrix}0\\a\\0\end{pmatrix}+t\begin{pmatrix}1\\0\\b\end{pmatrix}\\&=\begin{pmatrix}t\\(1-t)a\\tb\end{pmatrix}\end{aligned}$$

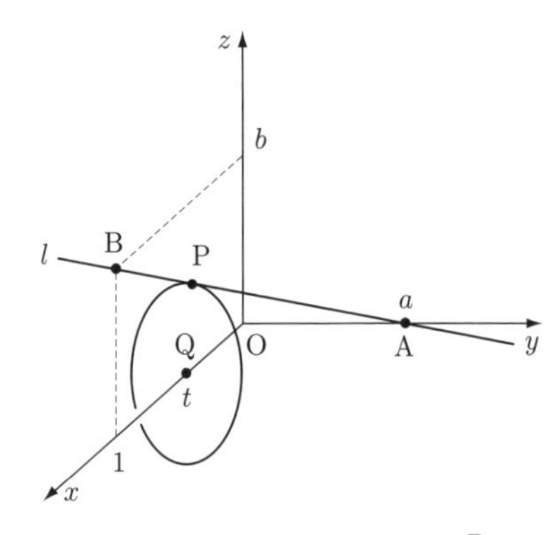

よって，点Pの座標は

$$\mathbf{P}(\boldsymbol{t},\ (\mathbf{1}-\boldsymbol{t})\boldsymbol{a},\ \boldsymbol{tb})$$

である。

(2)　図形 M を平面 $x=t$ で切った切り口は，点Pを x 軸のまわりに1回転してできる図形に等しく，Q$(t,\ 0,\ 0)$ とおくと，点Qを中心とする半径QPの円である。

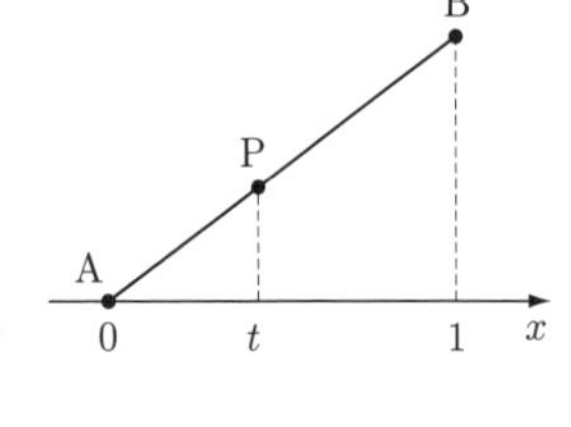

切り口の面積 $S(t)$ は

$$S(t)=\pi \mathrm{QP}^2$$
$$=\pi\{(1-t)^2a^2+t^2b^2\}$$
$$=\pi\{(a^2+b^2)t^2-2a^2t+a^2\}$$

と表せる。

したがって，図形 M と2つの平面 $x=0$ と $x=1$ で囲まれた立体の体積 V は

$$V=\int_0^1 S(t)\,dt$$
$$=\int_0^1 \pi\{(a^2+b^2)t^2-2a^2t+a^2\}\,dt$$
$$=\pi\left[\frac{a^2+b^2}{3}t^3-a^2t^2+a^2t\right]_0^1$$
$$=\boldsymbol{\frac{\pi}{3}(a^2+b^2)}$$

である。

(3) 図形 M を平面 $x=t$ で切った切り口は，点Qを中心とする半径QPの円であり，それを yz 平面に正射影した図形の方程式は

$$y^2+z^2=\mathrm{QP}^2$$
$$=(a^2+b^2)t^2-2a^2t+a^2$$

であるから，図形 M の方程式は

$$\begin{cases} x=t \\ \text{かつ} \\ y^2+z^2=(a^2+b^2)t^2-2a^2t+a^2 \end{cases} \quad (t\text{ は実数})$$

$$\iff \boldsymbol{y^2+z^2=(a^2+b^2)x^2-2a^2x+a^2}$$

と表せる。

◀ 図形 M の方程式をパラメータ t で表してから，t を消去します。

〈補足〉

回転軸とねじれの位置にある直線の回転体の体積について一般化した場合を考えると，本問と同様の計算によって，次のような結果になります。

(i) 2点 A$(a,\ 0,\ 0)$，B$(0,\ b,\ h)$ $(h>0)$ に対して，線分ABを z 軸のまわりに1回転してできる図形と平面 $z=0$，$z=h$ で囲まれた立体の体積は

$$V(h)=\frac{\pi}{3}(a^2+b^2)h$$

(ii) 2点 A$(a,\ 0,\ 0)$，B$(b\cos\theta,\ b\sin\theta,\ h)$ $\left(h>0,\ 0\leqq\theta\leqq\frac{\pi}{2}\right)$ に対して，線分ABを z 軸のまわりに1回転してできる図形と平面 $z=0$，$z=h$ で囲まれた立体の体積は

$$V(\theta,\ h)=\frac{\pi}{3}(a^2+ab\cos\theta+b^2)h$$

(i) $\mathrm{A}(a,\ 0,\ 0)$, $\mathrm{B}(0,\ b,\ h)$

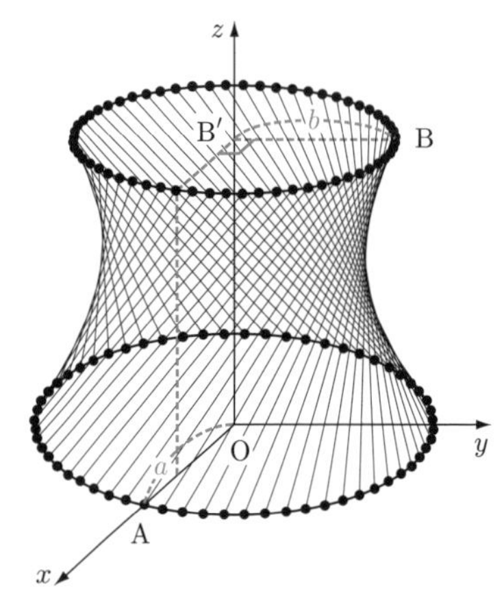

$$V(h)=\frac{\pi}{3}(a^2+b^2)h$$

(ii) $\mathrm{A}(a,\ 0,\ 0)$, $\mathrm{B}(b\cos\theta,\ b\sin\theta,\ h)$

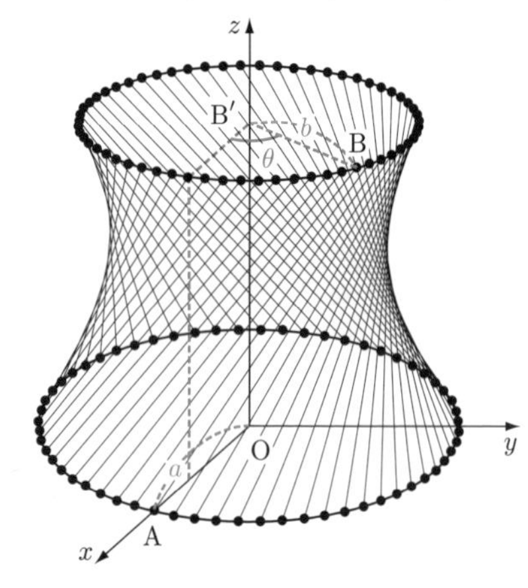

$$V(\theta,\ h)=\frac{\pi}{3}(a^2+ab\cos\theta+b^2)h$$

参考 **2次曲面**

一般に2次曲面とよばれる図形とその方程式には，次のようなものがあります。

① **楕円面**

$$\frac{x^2}{a^2}+\frac{y^2}{b^2}+\frac{z^2}{c^2}=1$$

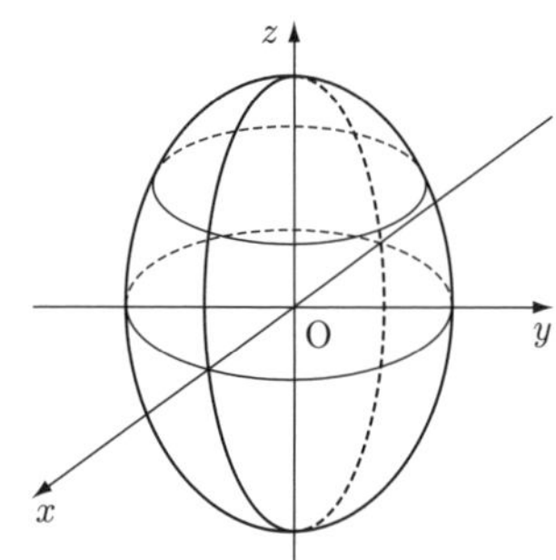

② **1葉双曲面**

$$\frac{x^2}{a^2}+\frac{y^2}{b^2}-\frac{z^2}{c^2}=1$$

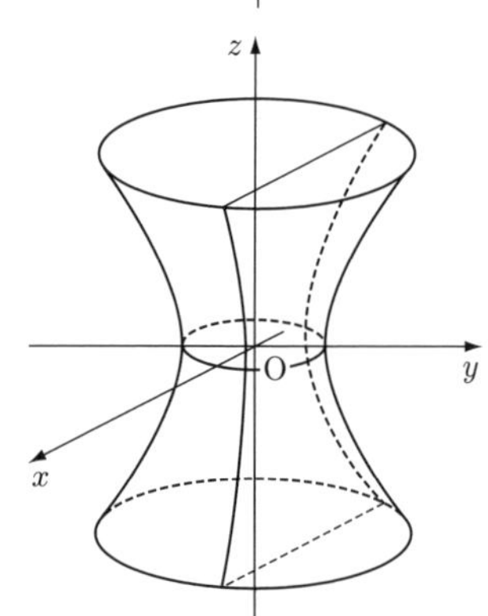

③　2 葉双曲面

$$\frac{x^2}{a^2}-\frac{y^2}{b^2}-\frac{z^2}{c^2}=1$$

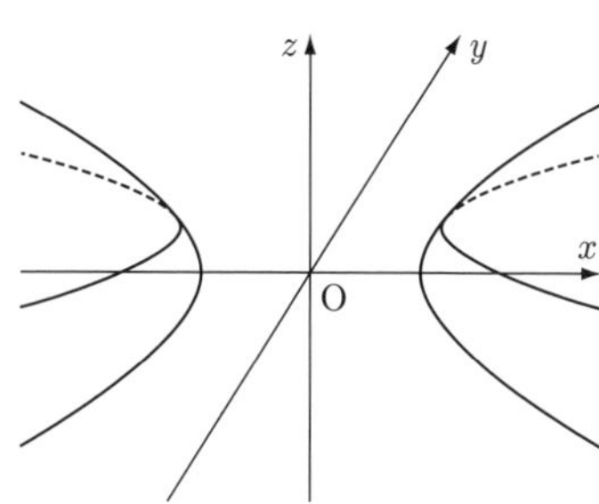

④　楕円放物面

$$\frac{x^2}{a^2}+\frac{y^2}{b^2}=cz \quad (c \neq 0)$$

図は $c>0$ の場合のグラフです。

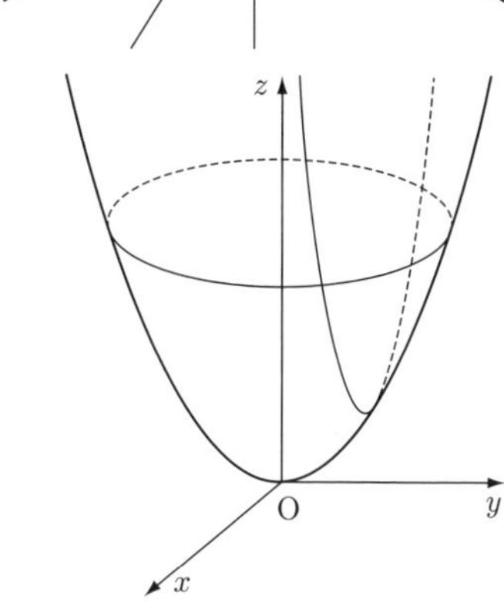

⑤　双曲放物面

$$\frac{x^2}{a^2}-\frac{y^2}{b^2}=cz \quad (c \neq 0)$$

図は $c>0$ の場合のグラフです。

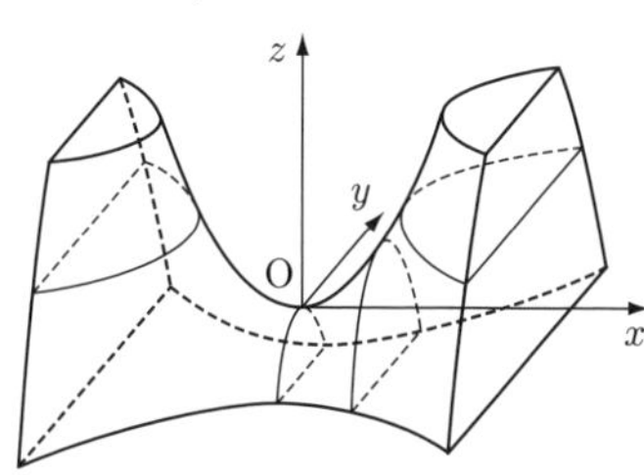

本問の図形 M は，線織面（直線を連続的に動かしたときの軌跡として得られる曲面）とよばれる図形で，2 次曲面の分類では，1 葉双曲面になります。x 軸に垂直な切り口は円であり，y 軸，z 軸に垂直な切り口は双曲線になります。

テーマ 39 バームクーヘンの回転体

39 アプローチ

立体図形を回転してできる回転体の体積を求める問題です。

この問題では，図形の回転が2回入っているので難しく見えるのではないでしょうか。

1回目の回転は長方形の回転ですからバームクーヘン（もしくはトイレットペーパー）の形をした立体ができます。それをy軸のまわりに2回目の回転をすると，どんな立体になるのか，想像するのは至難の技です。

そこで，回転体の断面および断面積を求めるのに 38 と同様に

『回転してから切ったもの ＝ 切ってから回転したもの』

と考えるのがポイントです。

切り口を考える際に図形をx，y，zの方程式，不等式で表しておくと，座標軸に垂直な平面による切り口を座標平面の領域として図示することができます。

解法のシナリオは，以下のようになります。

(step 1)　立体K_sをx，y，zの不等式で表す。

(step 2)　立体K_sをy軸に垂直な平面 $y=t$ で切った断面をxz平面上に図示して，y軸のまわりに1回転してできる円環領域の面積（立体K_sのy軸回転体の断面積）を求める。

(step 3)　(step 2) の断面積を積分して立体Lの体積を求める。

解答

(1)　長方形R_sをx軸のまわりに1回転してできる立体は中抜き円柱であるから，その体積は

$$V(s)=\pi\{(2-3s)^2-1^2\}\cdot\{(2+4s)-1\}$$
$$=3\pi(4s+1)(3s^2-4s+1)$$

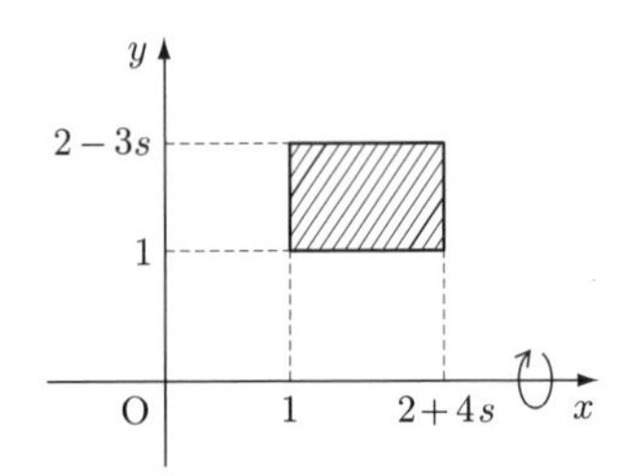

である。このとき

$$V'(s)=3\pi\{4(3s^2-4s+1)+(4s+1)(6s-4)\}$$
$$=6\pi s(18s-13)$$

より，$V(s)$の増減表は次のようになる。

s	$-\frac{1}{4}$	$\cdots$	0	$\cdots$	$\frac{1}{3}$
$V'(s)$		$+$	0	$-$	
$V(s)$		↗	3π	↘	

増減表より，$V(s)$は

$s=0$ のとき，最大値 3π

をとる。

(2)　$s=0$ のとき，R_0 は図の斜線部になる。

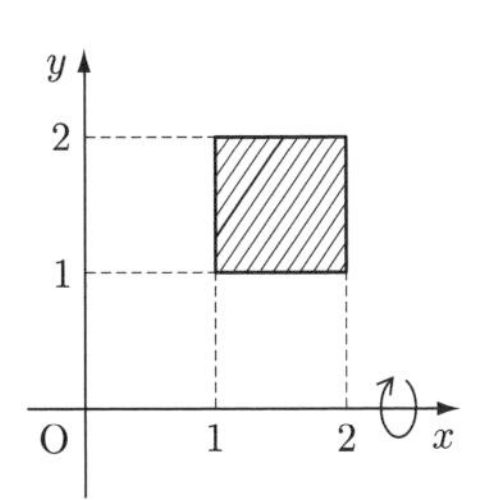

立体 K_0 は正方形 R_0 を x 軸のまわりに 1 回転してできる中抜き円柱の周および内部であり，座標空間において

$$K_0 : \begin{cases} 1 \leqq y^2+z^2 \leqq 4 \\ \text{かつ} \\ 1 \leqq x \leqq 2 \end{cases}$$

と表せる。

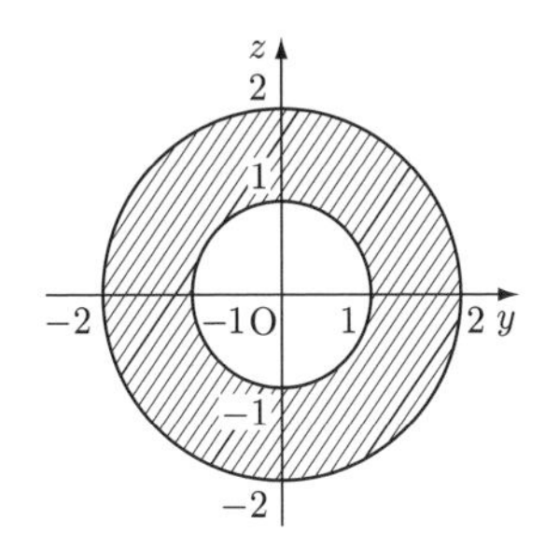

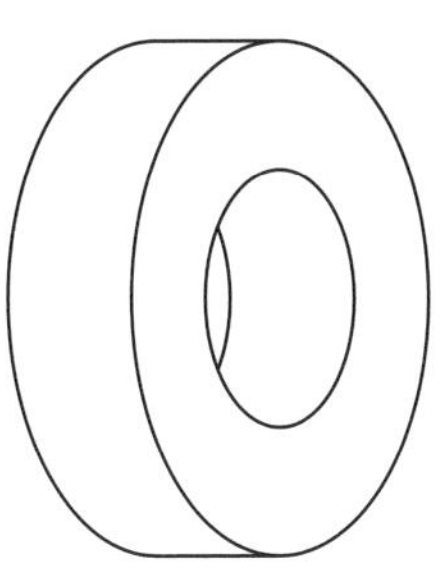

立体 K_0 を平面 $y=t$　$(0 \leqq t \leqq 2)$ で切った切り口の図形は

$$K_0' : \begin{cases} 1 \leqq t^2+z^2 \leqq 4 \\ \text{かつ} \\ 1 \leqq x \leqq 2 \end{cases}$$

$$\iff \begin{cases} 1-t^2 \leqq z^2 \leqq 4-t^2 \\ \text{かつ} \\ 1 \leqq x \leqq 2 \end{cases}$$

であり，t の範囲で場合分けして断面 K_0' を xz 平面に図示する。

(i)　$0 \leqq t \leqq 1$ のとき

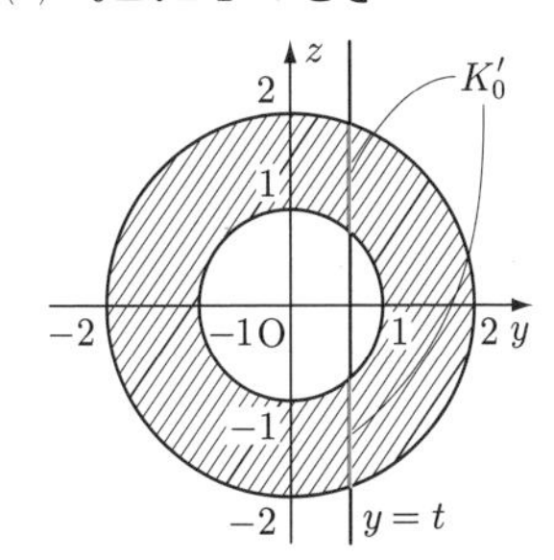

(ii)　$1 \leqq t \leqq 2$ のとき

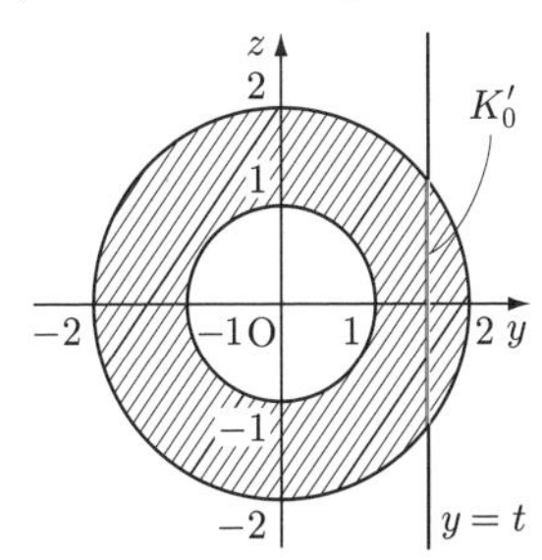

(i)　$0 \leqq t \leqq 1$ のとき

$$K_0' : \begin{cases} \sqrt{1-t^2} \leqq |z| \leqq \sqrt{4-t^2} \\ \text{かつ} \\ 1 \leqq x \leqq 2 \end{cases}$$

これは図のような x 軸対称の 2 つの長方形である。

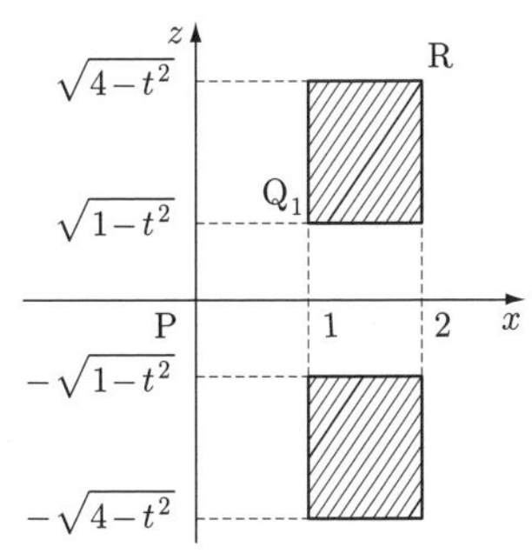

ここで，$\mathrm{P}(0,\ t,\ 0)$，$\mathrm{Q_1}(1,\ t,\ \sqrt{1-t^2})$，$\mathrm{R}(2,\ t,\ \sqrt{4-t^2})$ とおくと，断面 K_0' を y 軸のまわりに 1 回転してできる図形は半径 PR の円から半径 $\mathrm{PQ_1}$ の円を除いた円環領域になる。

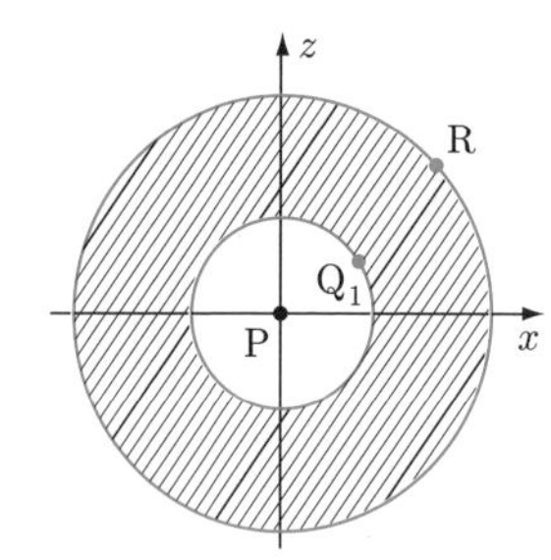

その面積 $S_1(t)$ は

$$S_1(t)=\pi \mathrm{PR}^2-\pi \mathrm{PQ_1}^2$$
$$=\pi\{(8-t^2)-(2-t^2)\}$$
$$=6\pi$$

である。

(ii) $1 \leqq t \leqq 2$ のとき

$$K_0' : \begin{cases} |z| \leqq \sqrt{4-t^2} \\ \text{かつ} \\ 1 \leqq x \leqq 2 \end{cases}$$

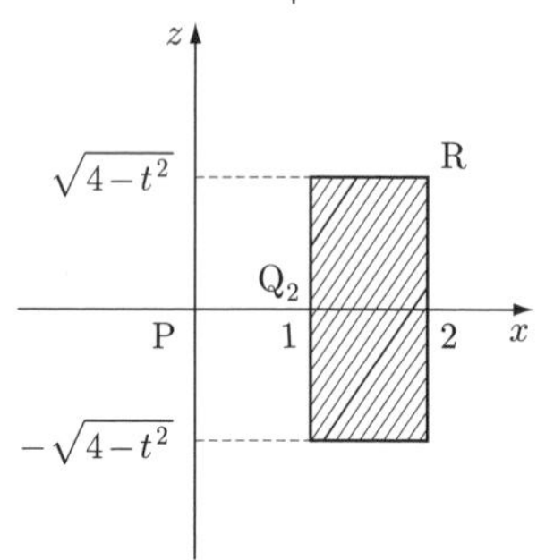

これは図のような x 軸対称の長方形である。

ここで，$\mathrm{P}(0,\ t,\ 0)$，$\mathrm{Q_2}(1,\ t,\ 0)$，$\mathrm{R}(2,\ t,\ \sqrt{4-t^2})$ とおくと，断面 K_0' を y 軸のまわりに1回転してできる図形の面積 $S_2(t)$ は(i)と同様にして

$$S_2(t)=\pi \mathrm{PR}^2-\pi \mathrm{PQ_2}^2$$
$$=\pi\{(8-t^2)-1^2\}$$
$$=\pi(7-t^2)$$

である。

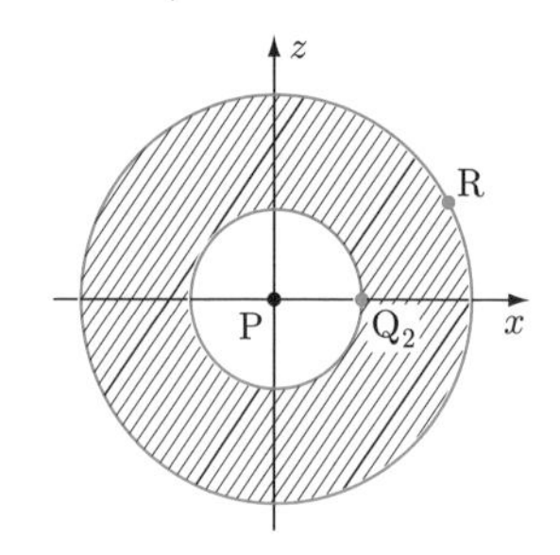

以上，(i)(ii)より，立体Lの体積を V とすると，xz 平面に関する対称性より

$$\frac{V}{2}=\int_0^1 S_1(t)\,dt+\int_1^2 S_2(t)\,dt$$
$$=\int_0^1 6\pi\,dt+\int_1^2 \pi(7-t^2)\,dt$$
$$=6\pi+\pi\left[7t-\frac{t^3}{3}\right]_1^2$$
$$=\frac{32}{3}\pi$$

したがって，求める体積は，$V=\boldsymbol{\frac{64}{3}\pi}$ である。

テーマ 40 3つの円柱（内部，外部）の共通部分

40 アプローチ

x，y，z で表された立体の体積を求める問題です。与えられた不等式は，円柱の内部や外部を表しますが，立体をイメージする必要はありません。断面および断面積がわかれば十分です。

このとき，どの座標軸に垂直な平面で切ると断面積が計算しやすくなるのかに着目しますが，この問題では，どの方向に切っても円と正方形で囲まれた部分の領域が現れます。

平面 $x=t$ による切り口の面積 S を考えると，扇形の中心角 θ を設定して，S を θ で表します。このとき注意が必要で，体積を求めるには断面積 S を t で積分しなければいけません。それゆえ，**θ と t の関係式を用いて，θ で置換積分する**ことになります。

解答

$r=1$ の場合について

$$x^2+y^2\leqq 1,\ y^2+z^2\geqq 1,\ z^2+x^2\leqq 1$$

を満たす点全体からなる立体の体積を V とすると，求める立体の体積は r^3V である。

◀ 体積比＝(相似比)^3

$$\text{立体 }K:\begin{cases} x^2+y^2\leqq 1 \\ y^2+z^2\geqq 1 \\ z^2+x^2\leqq 1 \end{cases}$$

は，xy 平面，yz 平面，zx 平面に関して対称であるから

$$0\leqq x\leqq 1,\ 0\leqq y\leqq 1,\ 0\leqq z\leqq 1$$

の範囲で考えればよい。

立体Kの平面 $x=t$ $(0\leqq t\leqq 1)$ による切り口 K' は

$$K':\begin{cases} |y|\leqq\sqrt{1-t^2} \\ y^2+z^2\geqq 1 \\ |z|\leqq\sqrt{1-t^2} \end{cases}$$

であり，これを満たす y，z が存在する t の範囲は

$$2(1-t^2)\geqq 1 \iff |t|\leqq\frac{1}{\sqrt{2}}$$

である。

$0 \leqq t \leqq \dfrac{1}{\sqrt{2}}$ において，切り口 K' は図の斜線部分になる。

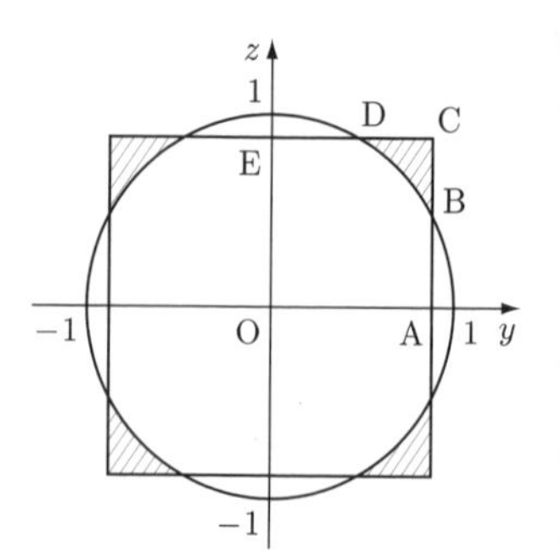

図のように A，B，C，D，E をとり

$$\angle \mathrm{AOB} = \theta \quad \left(0 \leqq \theta \leqq \frac{\pi}{4}\right)$$

とおくと

$$\cos\theta = \sqrt{1-t^2}$$

すなわち

$$\sin\theta = t$$

であり，第1象限における斜線部分の面積 S は

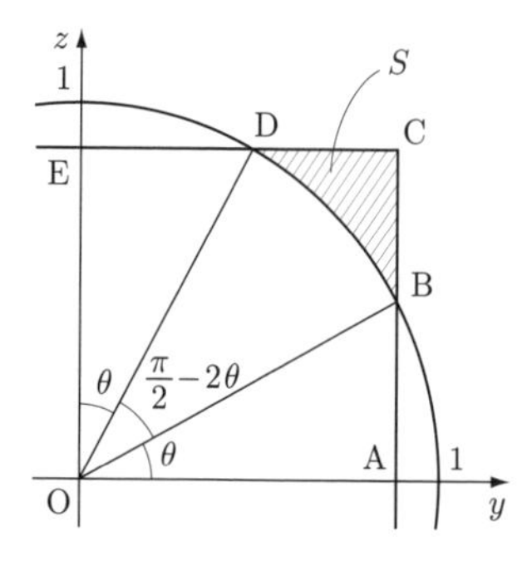

$$S = \text{正方形 OACE} - (2 \times \triangle\mathrm{OAB} + \text{扇形 OBD})$$

$$= (\sqrt{1-t^2})^2 - 2 \cdot \frac{1}{2} \cdot \sin\theta\cos\theta - \frac{1}{2} \cdot 1^2 \cdot \left(\frac{\pi}{2} - 2\theta\right)$$

$$= \cos^2\theta - \sin\theta\cos\theta + \theta - \frac{\pi}{4}$$

と表せる。

このとき，K' は y 軸，z 軸に関して対称であり，K は yz 平面に関して対称であるから，体積 V は

$$V = 2\int_0^{\frac{1}{\sqrt{2}}} 4S\,dt$$

である。$t = \sin\theta$ より

$$dt = \cos\theta\,d\theta \qquad \begin{cases} t : 0 \to \dfrac{1}{\sqrt{2}} \\ \theta : 0 \to \dfrac{\pi}{4} \end{cases}$$

であるから

$$V = 8\int_0^{\frac{\pi}{4}} \left(\cos^2\theta - \sin\theta\cos\theta + \theta - \frac{\pi}{4}\right)\cos\theta\,d\theta$$

$$= 8\int_0^{\frac{\pi}{4}} \left\{\cos^3\theta - \sin\theta\cos^2\theta + \left(\theta - \frac{\pi}{4}\right)\cos\theta\right\} d\theta$$

ここで

$$\int_0^{\frac{\pi}{4}} \cos^3\theta\,d\theta = \int_0^{\frac{\pi}{4}} (1 - \sin^2\theta)\cos\theta\,d\theta$$

$$= \left[\sin\theta - \frac{1}{3}\sin^3\theta\right]_0^{\frac{\pi}{4}} = \frac{5\sqrt{2}}{12}$$

$$\int_0^{\frac{\pi}{4}} \cos^2\theta \cdot \sin\theta\,d\theta = \left[-\frac{1}{3}\cos^3\theta\right]_0^{\frac{\pi}{4}}$$

$$= \frac{1}{3} - \frac{\sqrt{2}}{12}$$

$$\int_0^{\frac{\pi}{4}}\left(\theta-\frac{\pi}{4}\right)\cos\theta\,d\theta=\left[\left(\theta-\frac{\pi}{4}\right)\sin\theta+\cos\theta\right]_0^{\frac{\pi}{4}}$$
$$=\frac{\sqrt{2}}{2}-1$$

であるから

$$V=8\left\{\frac{5\sqrt{2}}{12}-\left(\frac{1}{3}-\frac{\sqrt{2}}{12}\right)+\left(\frac{\sqrt{2}}{2}-1\right)\right\}$$
$$=8\sqrt{2}-\frac{32}{3}$$

したがって，求める立体の体積は

$$\boldsymbol{\left(8\sqrt{2}-\frac{32}{3}\right)r^3}$$

である。

別解 1

2円柱の共通部分および3円柱の共通部分を考える。

$$Q:\begin{cases}x^2+y^2\leqq 1\\ z^2+x^2\leqq 1\end{cases}$$
$$R:\begin{cases}x^2+y^2\leqq 1\\ y^2+z^2\leqq 1\\ z^2+x^2\leqq 1\end{cases}$$

とおく。

(i) 立体Qについて

yz 平面に関する対称性により，$0\leqq x\leqq 1$ の範囲で考える。

平面 $x=t$ $(0\leqq t\leqq 1)$ による切り口 Q' は

$$Q':\begin{cases}|y|\leqq\sqrt{1-t^2}\\ |z|\leqq\sqrt{1-t^2}\end{cases}$$

となり，図の斜線部分になる。

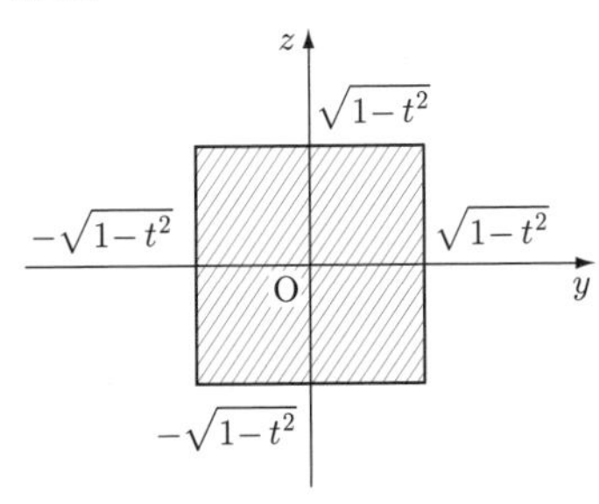

これより，Q' の面積 S_1 は

$$S_1=(2\sqrt{1-t^2})^2$$
$$=4(1-t^2)$$

であるから，立体Qの体積は yz 平面に関する対称性により

$$V_Q=2\int_0^1 S_1\,dt$$
$$=8\int_0^1(1-t^2)\,dt$$
$$=8\left[t-\frac{t^3}{3}\right]_0^1=\frac{16}{3}$$

(ii) 立体Rについて

yz 平面に関する対称性により，$0 \leqq x \leqq 1$ の範囲で考える。

平面 $x=t \quad (0 \leqq t \leqq 1)$ による切り口 R' は

$$R' : \begin{cases} |y| \leqq \sqrt{1-t^2} \\ |z| \leqq \sqrt{1-t^2} \\ y^2+z^2 \leqq 1 \end{cases}$$

である。

正方形の周および内部 Q' が円 $y^2+z^2 \leqq 1$ に含まれるのは

$$\sqrt{2}\sqrt{1-t^2} \leqq 1 \iff 2(\sqrt{1-t^2})^2 \leqq 1 \iff \frac{1}{\sqrt{2}} \leqq t \leqq 1$$

の場合だから，t の範囲を次のように場合分けする。

(ア) $\dfrac{1}{\sqrt{2}} \leqq t \leqq 1$ のとき

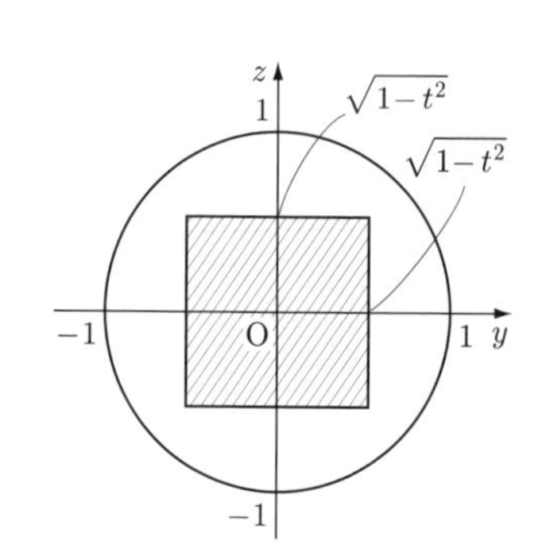

R' は Q' に等しく，その面積 S_2 は

$$S_2=4(1-t^2)$$

であるから，(ア)の範囲における立体Rの体積 V_1 は

$$V_1=\int_{\frac{1}{\sqrt{2}}}^{1} S_2\,dt$$

$$=\int_{\frac{1}{\sqrt{2}}}^{1} 4(1-t^2)\,dt$$

$$=4\left[t-\frac{t^3}{3}\right]_{\frac{1}{\sqrt{2}}}^{1}$$

$$=\frac{8}{3}-\frac{5\sqrt{2}}{3}$$

である。

(イ) $0 \leqq t \leqq \dfrac{1}{\sqrt{2}}$ のとき

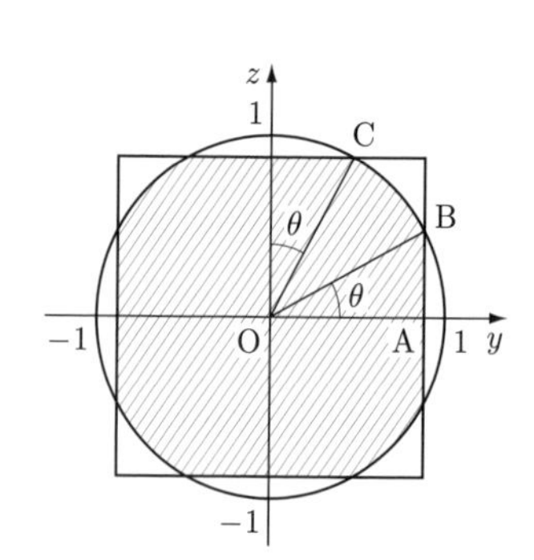

R' は正方形 Q' と円の周および内部 $y^2+z^2 \leqq 1$ との共通部分である。

図のように A，B，C をとり

$$\angle \mathrm{AOB}=\theta \quad \left(0 \leqq \theta \leqq \frac{\pi}{4}\right)$$

とおくと

$$\cos\theta=\sqrt{1-t^2}$$

すなわち

$$\sin\theta=t$$

であり，第１象限における斜線部分の面積 T は

$$T=2\times\triangle\mathrm{OAB}+\text{扇形 OBC}$$
$$=2\cdot\frac{1}{2}\cdot\sin\theta\cos\theta+\frac{1}{2}\cdot1^2\cdot\left(\frac{\pi}{2}-2\theta\right)$$
$$=\sin\theta\cos\theta-\theta+\frac{\pi}{4}$$

と表せる。

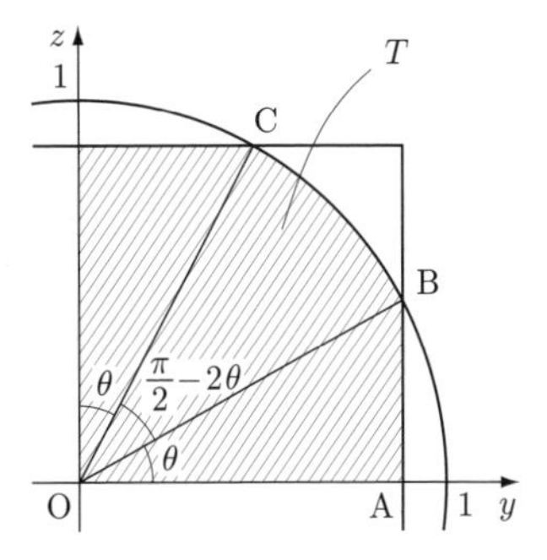

R' は y 軸および z 軸に関して対称であるから，(イ)の範囲における立体 R の体積は

$$V_2=4\int_0^{\frac{1}{\sqrt{2}}}T\,dt$$

である。$t=\sin\theta$ より

$$dt=\cos\theta\,d\theta \qquad \begin{cases} t:0\to\dfrac{1}{\sqrt{2}} \\ \theta:0\to\dfrac{\pi}{4} \end{cases}$$

であるから

$$V_2=4\int_0^{\frac{\pi}{4}}\left(\sin\theta\cos\theta-\theta+\frac{\pi}{4}\right)\cos\theta\,d\theta$$
$$=4\int_0^{\frac{\pi}{4}}\left\{\sin\theta\cos^2\theta-\left(\theta-\frac{\pi}{4}\right)\cos\theta\right\}d\theta$$

ここで

$$\int_0^{\frac{\pi}{4}}\sin\theta\cos^2\theta\,d\theta=\left[-\frac{1}{3}\cos^3\theta\right]_0^{\frac{\pi}{4}}$$
$$=\frac{1}{3}-\frac{\sqrt{2}}{12}$$

$$\int_0^{\frac{\pi}{4}}\left(\theta-\frac{\pi}{4}\right)\cos\theta\,d\theta=\left[\left(\theta-\frac{\pi}{4}\right)\sin\theta+\cos\theta\right]_0^{\frac{\pi}{4}}$$
$$=\frac{\sqrt{2}}{2}-1$$

であるから

$$V_2=4\left\{\left(\frac{1}{3}-\frac{\sqrt{2}}{12}\right)-\left(\frac{\sqrt{2}}{2}-1\right)\right\}$$
$$=\frac{16}{3}-\frac{7\sqrt{2}}{3}$$

以上(ア)(イ)より，立体Rの体積はyz平面に関する対称性により

$$V_R=2(V_1+V_2)$$
$$=2\left\{\left(\frac{8}{3}-\frac{5\sqrt{2}}{3}\right)+\left(\frac{16}{3}-\frac{7\sqrt{2}}{3}\right)\right\}$$
$$=16-8\sqrt{2}$$

である。

このとき

$$\text{立体 }K：\begin{cases}x^2+y^2\leqq 1\\ y^2+z^2\geqq 1\\ z^2+x^2\leqq 1\end{cases}$$

は立体Qから立体Rを除いたものだから，立体Kの体積Vは

$$V=V_Q-V_R$$
$$=\frac{16}{3}-(16-8\sqrt{2})$$
$$=8\sqrt{2}-\frac{32}{3}$$

したがって，求める立体の体積は

$$\left(8\sqrt{2}-\frac{32}{3}\right)r^3$$

である。

〈補足〉 立体Rの体積について

立体Rの内部に立方体

$$|x|\leqq\frac{1}{\sqrt{2}}\ \text{かつ}\ |y|\leqq\frac{1}{\sqrt{2}}\ \text{かつ}\ |z|\leqq\frac{1}{\sqrt{2}}$$

が含まれています。

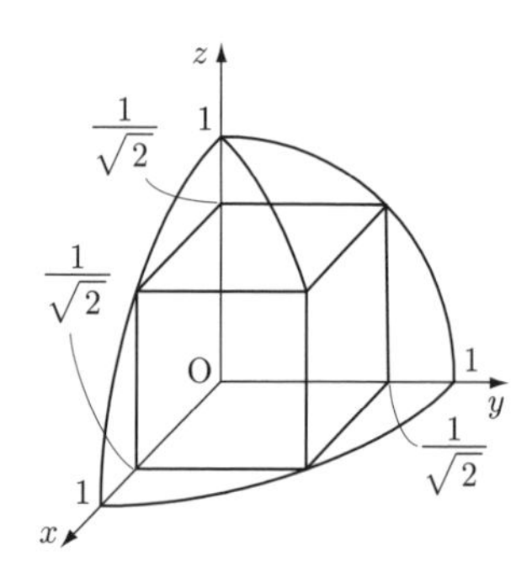

立体Rのうち，この立方体の外側にある部分は6個の合同な図形であり，$\dfrac{1}{\sqrt{2}}\leqq z\leqq 1$ の部分にある図形をWとすると，Wを表す不等式は

$$W：\begin{cases}x^2+y^2\leqq 1\\ y^2+z^2\leqq 1\\ z^2+x^2\leqq 1\\ \dfrac{1}{\sqrt{2}}\leqq z\leqq 1\end{cases}$$

と表せます。

立体 W の平面 $z=t$ $\left(\frac{1}{\sqrt{2}}\leqq t\leqq 1\right)$ による切り口 W' は

$$W':\begin{cases}|x|\leqq\sqrt{1-t^2}\left(\leqq\frac{1}{\sqrt{2}}\right)\\ |y|\leqq\sqrt{1-t^2}\left(\leqq\frac{1}{\sqrt{2}}\right)\\ x^2+y^2\leqq 1\end{cases}$$

であり，1 辺の長さが $2\sqrt{1-t^2}$ の正方形の周および内部になります。

これより，W の体積は

$$\begin{aligned}W&=\int_{\frac{1}{\sqrt{2}}}^{1}(2\sqrt{1-t^2})^2dt\\&=4\left[t-\frac{t^3}{3}\right]_{\frac{1}{\sqrt{2}}}^{1}\\&=\frac{8}{3}-\frac{5\sqrt{2}}{3}\end{aligned}$$

したがって，立体 R の体積は

$$\begin{aligned}V_R&=(\sqrt{2})^3+6W\\&=2\sqrt{2}+6\left(\frac{8}{3}-\frac{5\sqrt{2}}{3}\right)\\&=16-8\sqrt{2}\end{aligned}$$

と求めることができます。

別解 2

対称性を利用する。

$$\text{立体 }K:\begin{cases}x^2+y^2\leqq 1\\ y^2+z^2\geqq 1\\ z^2+x^2\leqq 1\end{cases}$$

は，xy 平面，yz 平面，zx 平面および平面 $y=z$ に関して対称であるから

$$0\leqq x\leqq 1,\ 0\leqq y\leqq 1,\ 0\leqq z\leqq 1,\ y\leqq z$$

の範囲で考えればよい。

このとき，立体 K の平面 $z=t$ $(0\leqq t\leqq 1)$ による切り口 K' は

$$K':\begin{cases}x^2+y^2\leqq 1\\ |y|\geqq\sqrt{1-t^2}\\ 0\leqq x\leqq\sqrt{1-t^2}\\ 0\leqq y\leqq t\end{cases}\iff\begin{cases}x^2+y^2\leqq 1\\ 0\leqq x\leqq\sqrt{1-t^2}\\ \sqrt{1-t^2}\leqq y\leqq t\end{cases}$$

◀ $(\sqrt{1-t^2},\ t)$ および $(t,\ \sqrt{1-t^2})$ は $x^2+y^2=1$ 上にあります。

であり，これを満たす x，y が存在する t の範囲は

$$0 \leqq t \leqq 1 \text{ かつ } \sqrt{1-t^2} \leqq t \iff \frac{1}{\sqrt{2}} \leqq t \leqq 1$$

である。

　このとき，K' は図の斜線部分であり，長方形の周および内部である。

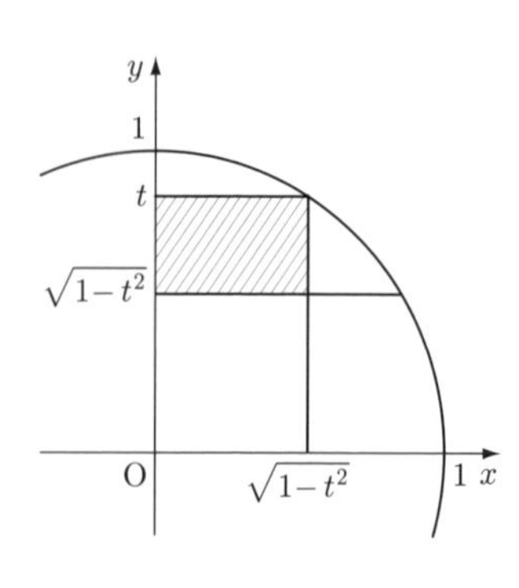

　K' の面積 $S(t)$ は

$$\begin{aligned} S(t) &= \sqrt{1-t^2}\,(t-\sqrt{1-t^2}) \\ &= t\sqrt{1-t^2}-(1-t^2) \end{aligned}$$

であるから，立体 K の体積は対称性により

$$\begin{aligned} V &= 16\int_{\frac{1}{\sqrt{2}}}^{1} S(t)\,dt \\ &= 16\int_{\frac{1}{\sqrt{2}}}^{1} \{t\sqrt{1-t^2}-(1-t^2)\}\,dt \end{aligned}$$

となる。ここで

$$\begin{aligned} \int_{\frac{1}{\sqrt{2}}}^{1} t\sqrt{1-t^2}\,dt &= \int_{\frac{1}{\sqrt{2}}}^{1} (1-t^2)^{\frac{1}{2}}\cdot(1-t^2)'\cdot\left(-\frac{1}{2}\right)dt \\ &= -\frac{1}{2}\cdot\frac{2}{3}\left[(1-t^2)^{\frac{3}{2}}\right]_{\frac{1}{\sqrt{2}}}^{1} \\ &= \frac{1}{3}\cdot\left(\frac{1}{2}\right)^{\frac{3}{2}} = \frac{\sqrt{2}}{12} \end{aligned}$$

$$\begin{aligned} \int_{\frac{1}{\sqrt{2}}}^{1} (1-t^2)\,dt &= \left[t-\frac{t^3}{3}\right]_{\frac{1}{\sqrt{2}}}^{1} \\ &= \frac{2}{3}-\frac{5\sqrt{2}}{12} \end{aligned}$$

であるから

$$\begin{aligned} V &= 16\left\{\frac{\sqrt{2}}{12}-\left(\frac{2}{3}-\frac{5\sqrt{2}}{12}\right)\right\} \\ &= 8\sqrt{2}-\frac{32}{3} \end{aligned}$$

　したがって，求める立体の体積は

$$\left(8\sqrt{2}-\frac{32}{3}\right)r^3$$

である。

〈補足〉

　立体図形を考えると，立体 K とその切り口 K' は図のような長方形になります。

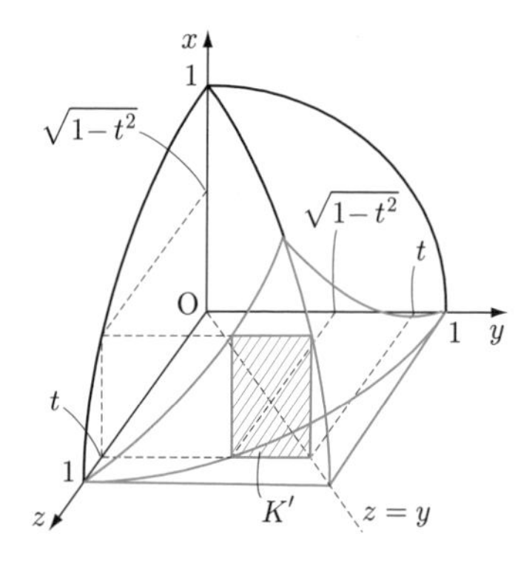